幾何公差

・・・・・・・・・・
見る見るワカル

演習▶100

小池忠男 著

日刊工業新聞社

はじめに

　図面に記載された内容は、それを受け取る人にとって、非常に重要な伝達情報である。規則にしたがって、きちんと記載されていることによって、その内容を誤解なく伝えることができる。設計者の意図を正確に表現し、それが正確に解釈されることによって、はじめて設計意図通りの部品・製品がつくられる。

　いま、機械図面において、"形状がどうであればよいか"、"どこまで許容するか"、これを明確に表現する確かな方法が、"幾何公差"を用いることである。今まで、"寸法公差を中心とした機械図面"をつくってきた機械設計者にとって、この"幾何公差を使いこなすこと"は、容易なことではないようだ。

　幾何公差を図面に取り入れていただくために、ここ十数年以上にわたって、数多くの機械設計者に働きかけ、接してきた。その中で、多くの設計者の悪戦苦闘している様子を見せられ、幾何公差を取り入れた図面にすることが、いかに難しいかを実感した。

　しかし、この苦闘は避けて通れないものだ。世界は着実に"幾何公差を主体とした機械図面"へと進んでいる。図面の世界での共通言語に精通することなしに、世界におけるモノづくりには生き残っていけない。

　実際の図面において、幾何公差を活用できるようにするためには、該当する規格や書物を読んだだけでは、なかなか身につかない。では、どうすればよいか。その1つの方法は、演習問題に数多く取り組むことではないだろうか。筆者は幾何公差に関する図面指導や講習会をしながら、演習問題になりそうなものを少しずつノートに書き溜めてきた。ここに取り上げたのは、その中から選んだ100問である。一部は、身の回りにある書籍に載っている図例をヒントにしたものもある。

　設問は全体を3段階に分けて、初級レベルから中級および上級レベルの内容を用意した。これを陸上競技の"三段跳び"になぞらえて、Hop（レベル1）、Step（レベル2）、Jump（レベル3）とした。

　幾何公差が初めてという方は、まずレベル1を確実に身につけてほしい。既にわずかでも幾何公差を使って図面をつくっている方は、レベル2までしっかり理解していただきたい。さらに、幾何公差に関する"世界の最近状況"までを踏まえて理解したい方は、レベル3まで確実にやり遂げる、そんな姿勢を期待する。

　筆者は今回はじめて、"演習問題を主とした書籍"を、世に出すことになった。私にとっては、まさにHopの段階であり、多くの方々の知恵を活用させていただいた。原稿の段階で、亀田幸徳、三瓶敦史の両氏に見ていただき、多くの貴重な意見をいただいた。たいへん感謝している。最後に、出版に際して日刊工業新聞社の方々にも随分とお世話になったので、お礼申し上げる。

2020年12月　　コロナ禍において

小池　忠男

目　次

HOP

STEP

JUMP

HOP

レベル 1

“三段跳び”の最初の跳躍である、この HOP “レベル 1”は、幾何公差が今後の図面指示の有用な手段だと感じ始めている人、既に、その助走を始めている人たちに、是非、取り組んでもらいたい例題である。

これらと格闘する中で、幾何公差の全容は、おおよそ把握できるかと思われる。

最初の跳躍なので、慎重に臨んでほしい。

幾何公差を用いた設計要求の表し方

（部品形状に対する幾何特性の決め方）

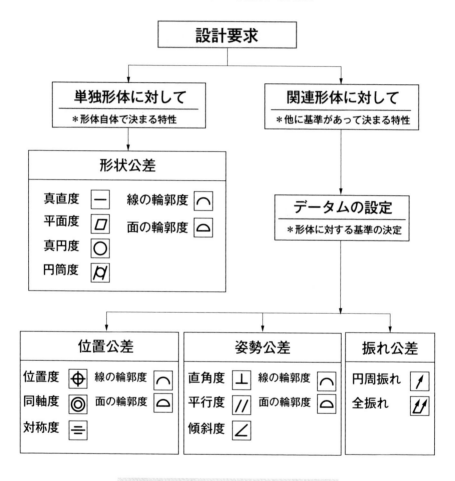

```
                    設計要求
                       |
        ┌──────────────┴──────────────┐
        |                             |
   単独形体に対して                 関連形体に対して
   ＊形体自体で決まる特性            ＊他に基準があって決まる特性
        |                             |
     形状公差                      データムの設定
                                  ＊形体に対する基準の決定
   真直度  ─   線の輪郭度 ⌒
   平面度  ▱   面の輪郭度 ⌒
   真円度  ○
   円筒度  ⌀
```

位置公差		姿勢公差		振れ公差	
位置度 ⊕	線の輪郭度 ⌒	直角度 ⊥	線の輪郭度 ⌒	円周振れ ↗	
同軸度 ◎	面の輪郭度 ⌒	平行度 ∥	面の輪郭度 ⌒	全振れ ↗↗	
対称度 ≡		傾斜度 ∠			

幾何公差とデータムとの関係

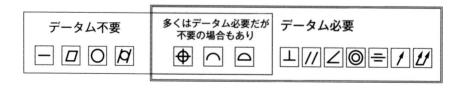

データム不要	多くはデータム必要だが不要の場合もあり	データム必要
─ ▱ ○ ⌀	⊕ ⌒ ⌒	⊥ ∥ ∠ ◎ ≡ ↗ ↗↗

《問題 NO.》	001	《関連規格》	ISO 1101、JIS B 0672-1
《テーマ》		幾何公差が規制対象とする形体とは	
《キーワード》		形体、外殻形体、誘導形体	

【演習問題】

図1は、(a)正投影図と(b)軸測投影図で表現した同一部品（加工物）である。

基本的に、部品は様々な"形体"から成り立っている。

＜問1＞

この部品は、いくつの、どのような形状の"外殻形体"から構成されているか示せ。

＜問2＞

この部品において、その外殻形体を測定することによって想定される"誘導形体"には、どのようなものが、いくつあるのか示せ。

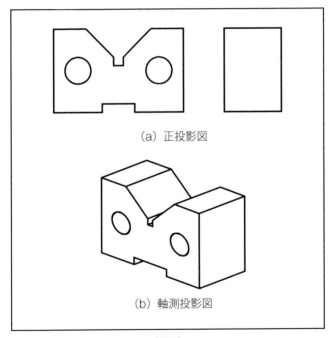

(a) 正投影図

(b) 軸測投影図

〔図1〕

【補足】

形体（feature）：点、線、面

外殻形体（integral feature）：表面、表面上の線

誘導形体（derived feature）：1つ以上の外殻形体から導かれた中心点、中心線、中心面

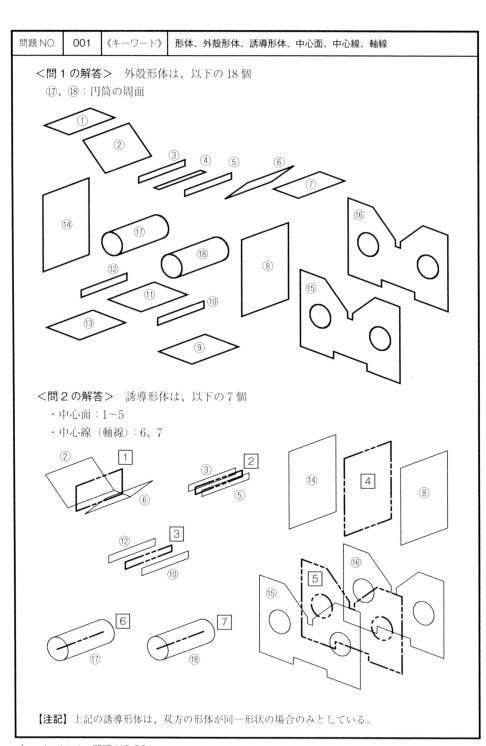

| 問題 NO. | 001 | 《キーワード》 | 形体、外殻形体、誘導形体、中心面、中心線、軸線 |

<問1の解答> 外殻形体は、以下の18個

⑰、⑱：円筒の周面

<問2の解答> 誘導形体は、以下の7個

・中心面：1〜5

・中心線（軸線）：6、7

【注記】上記の誘導形体は、双方の形体が同一形状の場合のみとしている。

《問題 NO.》	002	《関連規格》	ISO 1101、JIS B 0021
《テーマ》		データムに指定されている形体は外殻形体か誘導形体か	
《キーワード》		データム、外殻形体、誘導形体、平面形体	

【演習問題】

図1の略直方体の部品に、データムAが(a)～(f)のように指示されている。
指示しているデータムは、次のうちのいずれに相当するか答えよ。
①外殻形体（表面）
②誘導形体（中心面）

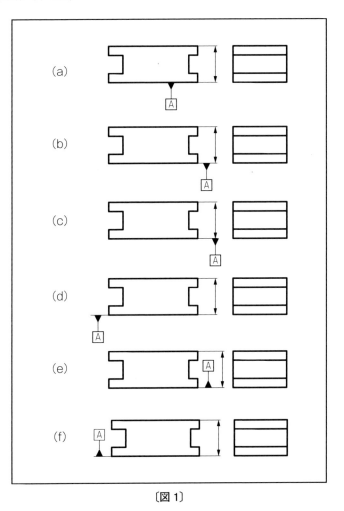

〔図1〕

<解答>

① 外殻形体（表面）：
　下記に示す5つの指示が、外殻形体へのデータム設定である。

(a)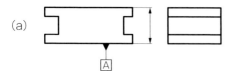

これが、部品の外形に直接指示する、最も基本となる指示である。

(b)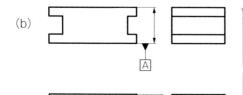

(e)

これは、寸法線の延長上から明らかに離して、寸法補助線に指示する方法。
図面スペースを多く取らないという点では、(b)よりも(e)の指示がよい。

(d)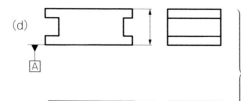

(f)

これは、部品外形の補助線に指示する方法。
図面スペースを多く取らないという点では、(d)よりも(f)の指示がよい。

② 誘導形体（中心面）：
　下記の1つだけが、誘導形体へのデータム設定である。

(c)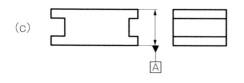

これが、誘導形体（中心面）への指示の基本。"寸法線の延長上"に、きちんと指示線を当てる。この場合、寸法線の上側に指示しても、意味は変わらない。

《問題 NO.》	003	《関連規格》	ISO 1101、JIS B 0021
《テーマ》		幾何公差の公差記入枠が指示する形体は何か	
《キーワード》		真直度、外殻形体、誘導形体、円筒部品	

【演習問題】

　図1の円筒部品に、真直度公差が、(a)〜(e)のように指示されている。

　それぞれの規制対象の形体は、下のうちのどれに当たるか答えよ。

〔規制対象形体〕　①外殻形体である母線

　　　　　　　　　②誘導形体である軸線

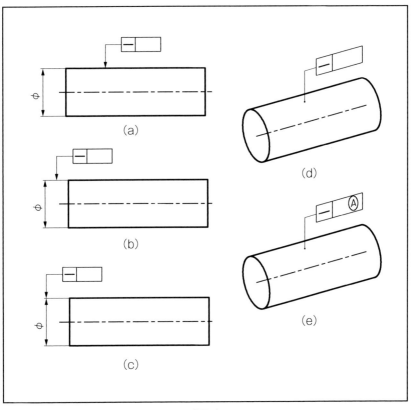

〔図1〕

【補足】

　指示例(e)は、ISO 1101：2017 によって、新たに規定された主に 3D モデルに対する指示方法である。2D 図面においても、用いることができる。

<解答>

① 外殻形体である母線に対する指示：

　以下の3つが、規制対象が"外殻形体である母線"への指示である。

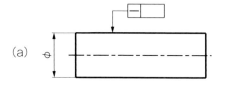

(a)

これは、部品の外形に直接指示する、最も基本となる指示である。

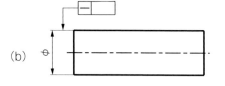

(b)

こちらは、寸法補助線に指示する方法。寸法線の延長上からは、明らかに離して指示するようにする。

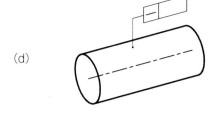

(d)

これは、3Dモデル上で指示する場合の方法。指示線の先端は黒丸とする。

② 誘導形体である軸線に対する指示：

　以下の2つが、規制対象が"誘導形体である軸線"への指示である。

(c)

これが、円筒部品の誘導形体への指示の基本。寸法線の延長上に、きちんと指示線を当てる。

これは、主に3Dモデル上で指示する場合の方法。指示線の先端は黒丸とする。Ⓐは、ISO 1101：2017で規定された derived feature（誘導形体）を表す記号で、median feature（中央形体）を意味する。公差値の後に記入して用いる。

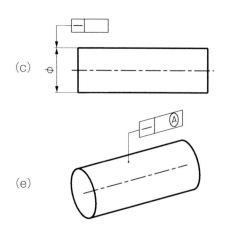

(e)

《問題 NO.》	004	《関連規格》	ISO 1101、JIS B 0021
《テーマ》		複数の軸線が存在する場合の真直度の指示方法	
《キーワード》		真直度、複数形体の規制	

【演習問題】

　図1は、中央の軸線（中心線）に対して真直度公差が指示された図示例である。この図では1本の中心線で表されているが、実際には3本の軸線が存在する。この指示では、そのどれを規制しているのかはっきりしない。規制対象が"あいまい"であるということで、現在、許されない指示になっている。

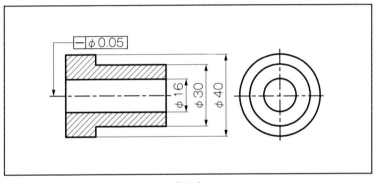

〔図1〕

　そこで、**図2**に示すように、設計意図としての規制対象が以下の場合、真直度公差の図示は、どうなるか答えよ。

<問1>　直径40の円筒軸の軸線を規制する場合
<問2>　直径30の円筒軸の軸線を規制する場合
<問3>　直径16の円筒穴の軸線を規制する場合
<問4>　3つの軸線すべてに対して1つの同一の公差域に規制する場合

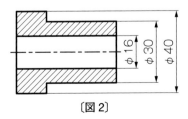

〔図2〕

　円筒の軸線への真直度指示の基本は、規制したい円筒の "直径の寸法線の延長上" に指示線を当てることである。

＜問1の解答＞直径40の円筒軸の軸線を規制する場合

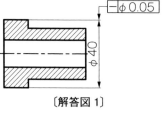

〔解答図1〕

＜問2の解答＞直径30の円筒軸の軸線を規制する場合

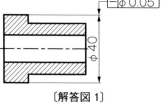

〔解答図2〕

＜問3の解答＞直径16の円筒穴の軸線を規制する場合

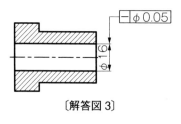

〔解答図3〕

＜問4の解答＞3つの軸線すべてに対して、同じ公差値（域）を組合わせて適用して規制する場合

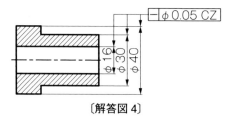

〔解答図4〕

　　　＊　CZ：Combined zone（組合せ公差域）

【補足1】問4の場合、従来は、Common zone（共通公差域）の意味で、同じ記号 "CZ" を使っていた。

【補足2】3つの軸線を、それぞれ独立したものとして検証する場合は、下の**補足図1**のように個々に指示するか、または、**補足図2**のように指示する。明確な指示という点では、補足図2の指示方法を勧める。

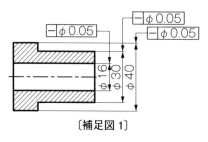

〔補足図1〕

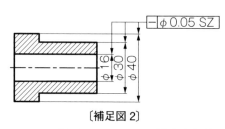

〔補足図2〕

　　　＊　SZ：Separate zones（単独公差域）

《問題 NO.》	005	《関連規格》	ISO 1101、JIS B 0021
《テーマ》		円筒部品に対して2つある真直度の指示方法	
《キーワード》		真直度、円筒部品、軸線、母線	

【演習問題】

<問1>

図1の図示には不適切なところがある。正しい指示方法を示せ。

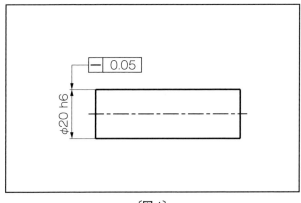

〔図1〕

<問2>

図2の図示には不適切なところがある。正しい指示方法を示せ。

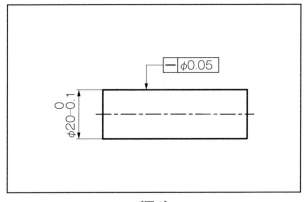

〔図2〕

　円筒部品への真直度指示は、大きく2つに分けられる。1つは軸線であり、もう1つは円周面上の母線である。それに対応した公差指示が要求される。

＜問1の解答＞

　指示線を"寸法線の延長上"に当てているので、規制する形体は誘導形体である軸線である。軸線の真直度公差の公差域は、"公差値を直径とする円筒形の内部"である。したがって、公差値の前に記号"φ"を付けなければならない。

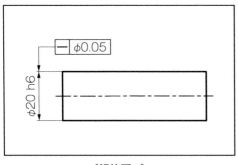

〔解答図1〕

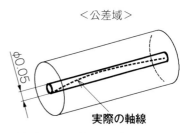

＜公差域＞

軸線（中心線）は、各部の円の中心を結んだ線といえる。

＜問2の解答＞

　指示線を部品の外形に当てているので、規制する形体は外殻形体である母線である。母線の真直度の公差域は、"公差値を間隔とする平行二直線の間"である。したがって、公差値の前には記号"φ"を付けない。

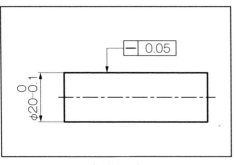

〔解答図2〕

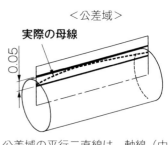

＜公差域＞

公差域の平行二直線は、軸線（中心線）を含む平面上にある。

《問題 NO.》	006	《関連規格》	ISO 1101、JIS B 0021
《テーマ》		真直度を用いて2つの軸線を真っすぐに規制する指示方法	
《キーワード》		真直度、複数形体の規制	

【演習問題】

図1の図示で表そうとする設計意図は
「部品の左右にある2つの円筒穴の軸線に対して、その2つの軸線をともに1つの直径0.1の円筒内の公差域に収める真直度公差に規制したい」
である。

この設計意図に対して、この図示方法は、現在では、あいまいさがあるとして許されていない。正しい指示方法を示せ。

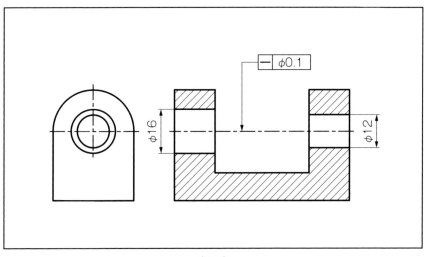

〔図1〕

<解答>

　この場合、部品の左右にある2つの円筒穴の軸線に対して、その真直度の公差域を「2つの軸線を共に1つの直径0.1の円筒内の公差域に収める」ことが設計意図である。

　軸線は2つあるが、それをあたかも一体（ひとつの形体）のように見なして、1つの直径0.1の円筒内に収めるのが目的である。

　その指示は、**解答図1**のように、φ16とφ12の寸法線の延長上に、それぞれ指示線を当て、それを結んで1つの公差記入枠を用いて指示する。

　ここでは、2つの軸線を"1つのパターン公差域"として指示するので、公差値の後に、記号"CZ"を追記する。このCZは、Combined zone（組合せ公差域）を意味する。

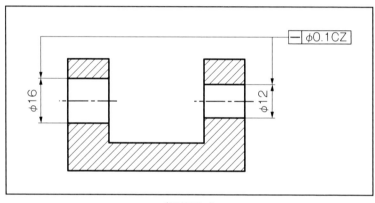

〔解答図1〕

【補足1】このような場合、従来は、Common zone（共通公差域）の意味で、同じ記号"CZ"を使っていた。

【補足2】設計意図が、それぞれの軸線が単に真直度φ0.1を満たせばよい、という場合は、**補足図1**のように、それぞれ公差記入枠を用いて個別に指示するか、または、**補足図2**のように指示する。明確な指示という点では、補足図2の指示方法を勧める。

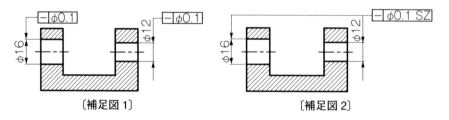

〔補足図1〕　　　　　　　　　　　　　〔補足図2〕

＊　SZ：Separate zones（単独公差域）

《問題 NO.》	007	《関連規格》	ISO 1101、5459、JIS B 0021、0022
《テーマ》			円すい形状をした形体に対する幾何公差とデータムの指示方法
《キーワード》			真円度、同軸度、データム、円すい形状

【演習問題】

<問1>

図1の設計意図は「ある角度の円すい形状をした形体に対して、公差値 0.05 の真円度公差で規制したい」というものである。

この図示には問題がある。その問題とは何か説明せよ。また、設計意図に沿った適切な図示がどうなるか示せ。

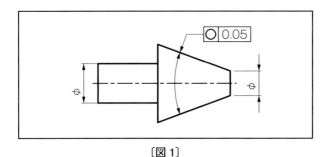

〔図1〕

<問2>

図2の図示で要求する設計意図は「円すい形状をした形体の軸線をデータム A として、それに対して、指示した形体の軸線を公差値 φ0.1 の同軸度公差に規制したい」というものである。

この指示に問題はないか。あるとすれば、その問題とは何か。

また、設計意図に沿った適切な指示はどのようになるかを示せ。

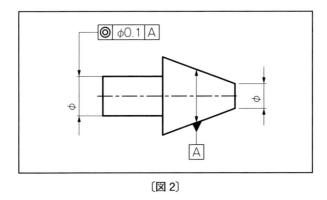

〔図2〕

<問1の解答>

真円度が規制する形体は、外殻形体（円すい表面）である。問題文の図1は、角度寸法の寸法線の延長上に、公差記入枠の指示線が当てられているので、これでは指示対象は、誘導形体である軸線になってしまう。**解答図1-1**のように、寸法線の延長上から外す必要がある。また、公差記入枠からの矢は、軸線に対して直角に当てる。

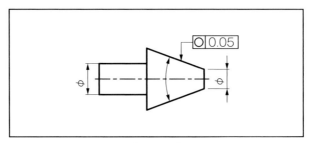

〔解答図1〕

<問2の解答>

問題文の図2は、円すいの任意の位置の"直径寸法の寸法線の延長上"に、データム記号が置かれている。これでは、データムがこの"軸線上の1点"になってしまう。この場合は、同軸度の参照するデータムは、データム軸直線Aなので、**解答図2-1**のように、"角度寸法の寸法線の延長上"に指示するのが正しい指示である。

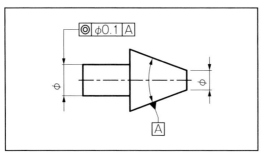

〔解答図2-1〕

〔解答図2-2〕

《問題 NO.》	008	《関連規格》	ISO 1101、JIS B 0021
《テーマ》		円筒部品に指示された円筒度公差の公差域とは	
《キーワード》		円筒度、公差域、円筒形体	

【演習問題】

図1と図2は、いずれも軸部品に対する円筒度公差の指示である。

この図示は適切か否か。不適切ならば、適切な図示方法を示せ。

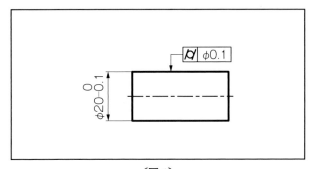

〔図1〕

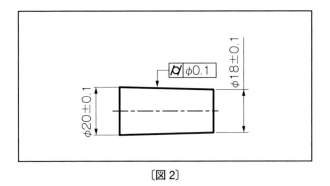

〔図2〕

【補足】

円筒度公差の公差域は、"同軸とする2つの円筒の半径の差"である。

<図1の解答>

　円筒度公差の規制形体は、外殻形体なので、外形自体に直接に指示線の矢を当てることに問題はない。

　円筒度公差の公差域は、**解答図1-1**のように、"同軸の2つの円筒の半径差"であるので、公差値の前に記号"ϕ"が付くのは誤りである。**解答図1-2**が正しい指示である。

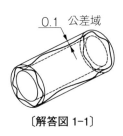

0.1　公差域

〔解答図1-1〕

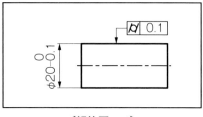

〔解答図1-2〕

<図2の解答>

　円筒度公差で規制できる形体は、円筒状の形体でなければならない。図2のように円すい形状になった形体は、円筒度では規制できない。

　このような形状の部品の形状公差を規制するには、真円度公差で規制するか（**解答図2-1**）、あるいは、面の輪郭度公差で規制することになる（**解答図2-2**）。

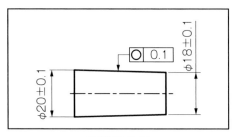

〔解答図2-1〕

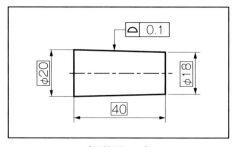

〔解答図2-2〕

《問題 NO.》	009	《関連規格》	ISO 1101、5459、JIS B 0021、0022
《テーマ》		2つの軸線の共通軸線に対する同軸度の指示方法	
《キーワード》		同軸度、共通軸線、共通データム、公差域	

【演習問題】

図1の設計意図は

「部品左右の2つの直径20 mmの円筒軸の軸線を、それぞれデータムA、Bとして、その共通データム軸直線A-Bに対して、中央部の直径30 mmの円筒軸の軸線を、同軸度公差で直径0.05の円筒内の公差域に規制したい」

とするものである。

しかし、この図示には不適切なところがある。設計意図に沿った正しい図示方法を示せ。

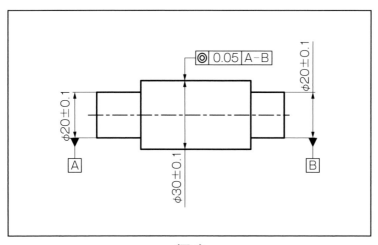

〔図1〕

＜解答＞

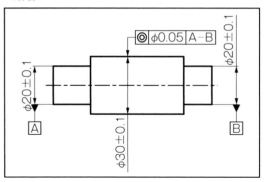

〔解答図 1〕

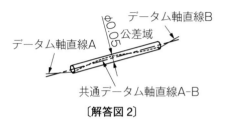

〔解答図 2〕

同軸度の規制対象は、データム軸直線と同じ位置にある誘導形体の軸線である。したがって、公差記入枠の指示線は直径を表す寸法線の延長上に当てる。その点では、問題文の図は問題ない。

しかし、その公差域は、同軸の"公差値を直径とする円筒内"となる。したがって、公差値の前に、直径を表す記号"φ"が付く。

この場合の公差域は、**解答図 2** に示すようになる。

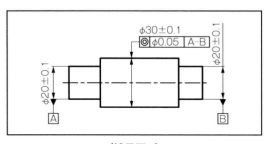

〔補足図 1〕

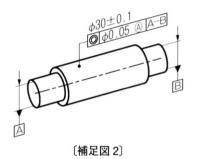

〔補足図 2〕

【補足 1】

同軸度の表し方として、規制する形体の直径のサイズ公差を、公差記入枠の上部に表す方法でもよい。

解答図 1 と**補足図 1** とは、指示する意味に違いはない。

【補足 2】

3D モデル上での同軸度の表し方としては、**補足図 2** のように、記号"Ⓐ"を使って表す方法もある。

この指示方法によれば、公差記入枠からの指示線を、寸法線の延長上に指示するという煩わしさを回避することができる。

《問題 NO.》	010	《関連規格》	ISO 1101、5459、JIS B 0021、0022
《テーマ》			図示で同軸上にある2つの軸線の同軸度の指示方法
《キーワード》			円筒形体、同軸度、データム軸直線、公差域

【演習問題】

図1の設計意図は

「部品右側の小さな円筒の軸線をデータム軸直線 A として、部品左側の大きな円筒の軸線を、同軸度公差で規制したい」

というものである。

この図示には不適切なところがある。正しい指示方法がどのようになるかを示せ。

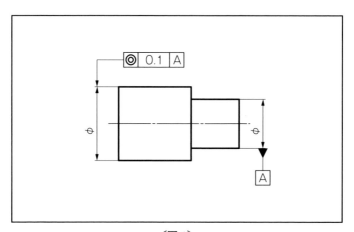

〔図1〕

問題 NO.	010	《キーワード》	同軸度、誘導形体、軸線、データム軸直線、Ⓐ

<解答>

　同軸度の規制対象は、データム軸直線と同じ位置にある誘導形体の軸線である。したがって、公差記入枠の指示線は直径を表す寸法線の延長上に当てるので、図1の公差記入枠の指示線の当て方には問題はない。

　この場合の正しい図示方法は、**解答図1**のようになる。

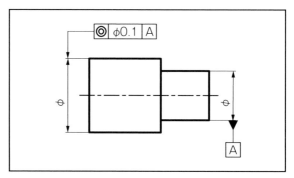

〔解答図1〕

　公差域は、**解答図2**のようになる。それは、データム軸直線Aを中心とした直径0.1の円筒内である。したがって、公差値の前に記号"ϕ"が付かなければならない。

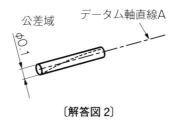

〔解答図2〕

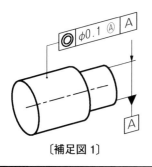

〔補足図1〕

【補足】

　3Dモデル上での同軸度の表し方としては、**補足図1**のように、記号"Ⓐ"を使って表すことができる。

　なお、データムの設定には、従来通り、設定する円筒の直径の寸法線の延長上に設置する方法となる。データムに対して、記号"Ⓐ"を使う方法は規格化されていない。

《問題 NO.》	011	《関連規格》	ISO 1101、JIS B 0021
《テーマ》		傾斜した表面への位置公差と姿勢公差の指示方法	
《キーワード》		位置度、傾斜度、データム	

【演習問題】

<問1>

図1の設計意図は「部品の右側斜面について、データムAとデータムBに対して、位置度公差0.2、傾斜度公差0.2に規制する」というものである。

この図示は適切でない。正しい指示方法がどのようになるか示せ。

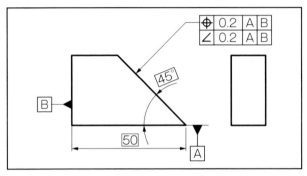

〔図1〕

<問2>

図2の設計意図は

「部品の右側の斜面について、データムBに対して正確に45°の平面、データムAに正確に直角な平面を、それぞれ基準として、傾斜度公差0.1に規制する」

である。

この図示は正しいか。誤っているならば、正しい指示方法を示せ。

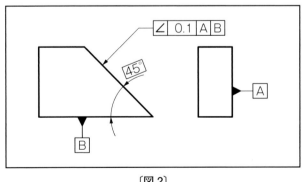

〔図2〕

<問1の解答>

　ここでは、位置公差（位置度）と姿勢公差（傾斜度）の関係が問われている。位置公差の指示があるとき、姿勢公差を指示する意味があるのは、公差値の間に、次の関係が成り立つ場合である。

　　　　　　　　　　位置公差の値＞姿勢公差の値

　姿勢公差が、位置公差内であればよい場合は、姿勢公差は指示しない。つまり、この場合の傾斜度 0.2 は指示しない。

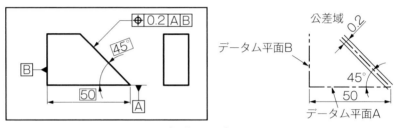

〔解答図 1-1〕

　姿勢公差（傾斜度）を位置公差（位置度）よりも厳しい公差を要求する場合は、下のような指示となる。

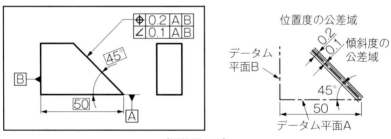

〔解答図 1-2〕

<問2の解答>

　傾斜度で参照する第1次データムは、"理論的に正確な角度寸法"（TED）で指示したデータムとなる。

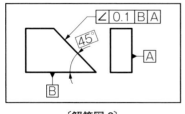

〔解答図 2〕

　したがって、この場合の第1次データムはデータム平面 B でなければならない。なお、この図示では、まず、指示した斜面は、データム平面 B と角度 45° の姿勢公差（傾斜度）を要求し、さらに、その公差域の方向が第2次データム平面 A と直角方向にあることを表している。

《問題 NO.》	012	《関連規格》	ISO 1101、JIS B 0021
《テーマ》			円筒の軸線や平面の、平面に対する直角度の指示方法
《キーワード》			直角度、データム平面、軸線、公差域

【演習問題】

<問1>

図1の設計意図は「対象の軸線を、部品の左側面をデータム A として、それに対して直角な直径 0.1 の円筒内に規制したい」というものである。

この図示は正しいか。誤っているならば、正しい指示方法を示せ。

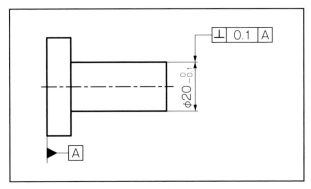

〔図1〕

<問2>

図2の設計意図は「部品上部の2つの離れた表面に対して、左の側面をデータムとして、それぞれ直角度公差 0.1 で規制する」である。

この図示は、現在では許されていない。現在、許されている図示方法を示せ。

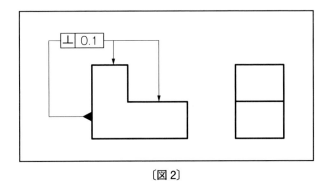

〔図2〕

問題 NO.	012	《キーワード》	直角度、方向を定めない公差域、姿勢公差、位置公差

＜問1の解答＞

　問題の図1の指示では、対象の軸線を任意の一方向から、"間隔0.1 mmの平行二平面間"に規制するものとなっている。この指示の他に、直角方向の公差域の指示がなければ不完全である。参照しているデータムが、データム平面Aだけであれば、公差域は方向を定めない"公差値を直径とする円筒内"とするのが適切である。

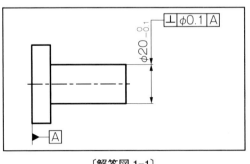

〔解答図 1-1〕

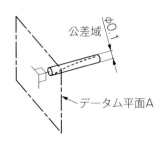

〔解答図 1-2〕

＜問2の解答＞

　問題文の図示は、1998年以前のJIS規格において許されていた指示方法である。現在は、データム記号は省略せず、**解答図2**のようにきちんと表記して指示することになっている。

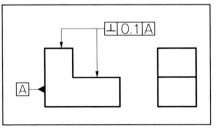

〔解答図 2〕

　左の解答図2の図示で注意すべきことは、部品として、この直角度の姿勢公差だけの指示で済むことはなく、位置度など位置公差の指示が併記されて、完全な指示となるものである。

《問題 NO.》	013	《関連規格》	ISO 1101、JIS B 0021
《テーマ》	軸線に対する姿勢公差の正しい指示方法		
《キーワード》	直線形体、軸線、データム平面		

【演習問題】

　図1の設計意図は「円筒軸（φ20 0／−0.1）の軸線を、図2に示すように部品下部の第1次データム平面Aに対しては垂直に、第2次データム平面Bに対しては平行な、間隔0.1の平行二平面の間に規制する」である。

　適切な幾何公差指示を示せ。

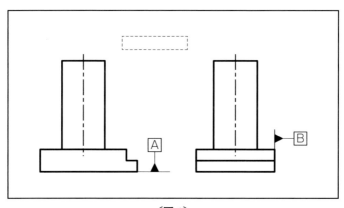

〔図1〕

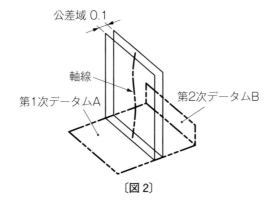

〔図2〕

問題NO.	013	《キーワード》	直角度、第1次データム、一方向の公差域、姿勢公差

<解答>

　姿勢公差において、第1次データムとして参照するデータムは、指示した姿勢公差の幾何公差で規定する公差特性でなければならない。つまり、この場合、参照する第1次データムは、規制する形体と"直角の姿勢関係"にあること。したがって、第1次として参照するデータムは、データム平面Aである。第2次データムとして参照しているデータム平面Bとは、公差域の方向が"平行な方向"という姿勢関係になっている。

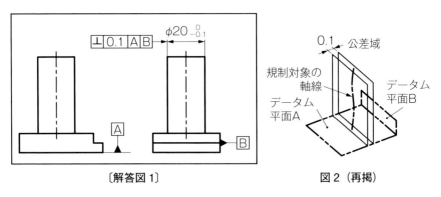

〔解答図1〕　　　　　　　　　　　図2（再掲）

　上の表記は、直角度公差指示のもとに、参照しているデータムとして、直角関係のデータム形体と平行関係のデータム形体が採用されている。

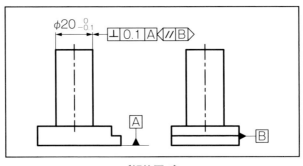

〔解答図2〕

【補足】

　解答図2の公差記入枠の右側に記入されている図示記号 ⟨//B⟩ は、Auxiliary feature indicators（補足形体指示記号）の1つの、Orientation plane indicator（姿勢平面指示記号）というものである。姿勢公差の公差域の方向が、データム平面Bと平行な方向にあることを表している。このデータムBは、第2次データムの役割をしている、といえる。

《問題 NO.》	014	《関連規格》	ISO 1101、JIS B 0021
《テーマ》		データ平面に直角な形体と平行な形体の姿勢公差の規制	
《キーワード》		直角度、平行度、データム	

【演習問題】

  図1に示す部品において、下記の設計意図に対して、この図示は適切ではない。
適切な指示方法を示せ。

<設計意図>

  部品底部をデータム平面 A として、それに対して φ20 の穴の軸線の平行度公差を
直径 0.05 の円筒内に、部品左側面の直角度公差を間隔 0.05 に規制したい。

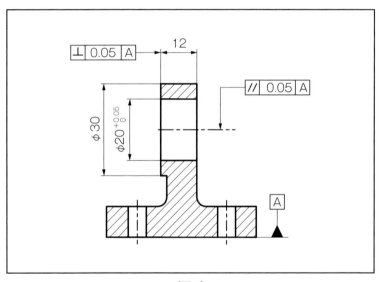

〔図1〕

問題 NO.	014	《キーワード》	直角度、平行度、軸線、データム、軸受

＜解答＞

《左側面への直角度公差指示について》

　問題文の図1の指示は、寸法線の延長上に指示しているので、これでは、規制対象の形体は、幅12 mmの中心面を意味している。意図しているのは、左側面の表面なので、寸法線からは明確に離したところに、指示線を当てなければならない。（下記【補足】を参照のこと。）

《φ20穴の軸線への平行度公差指示について》

　軸線（誘導形体）の規制であるから、φ20の寸法線の延長上に指示線を当てる。かつ、この場合の公差域は、多くの場合、一方向の間隔0.05の平行二平面ではなく、方向に関係ない直径0.05の円筒内であることから、公差値の前に記号"φ"を付ける。

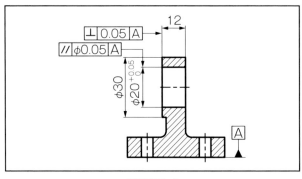

〔解答図1〕

【補足】

《左側面への直角度公差指示について》

　下の**補足図1**に示すように、このφ20の円筒穴に軸受が挿入されるときには、左側面の表面は、この円筒穴の軸線に対する直角度公差が要求されることがある。

　このような場合には、**補足図2**のように、φ20の円筒穴の軸線をデータムBとして、それに対する直角度公差を指示するとよい。

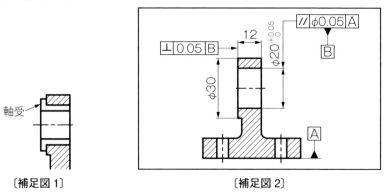

軸受

〔補足図1〕　　　　　　〔補足図2〕

《問題 NO.》	015	《関連規格》	ISO 1101、JIS B 0021
《テーマ》		データム軸直線に対する軸線の姿勢公差の指示方法	
《キーワード》		平行度、直線形体、軸線、データム軸直線	

【演習問題】

図1の図示の意図は「部品下側の円筒穴の軸線をデータムとして、部品上側の円筒穴の軸線の公差値を、図2に示すように直径0.2 mmの平行度公差で規制したい」というものである。

この図示は適切でない。正しい指示方法を示せ。

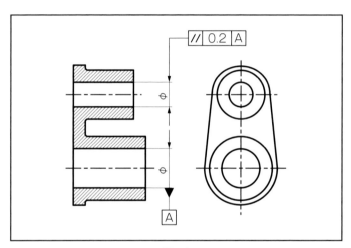

〔図1〕

対象の軸線をデータムAに対して、下図のようにしたいものとする。

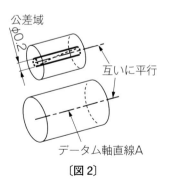

〔図2〕

<解答>

これは、直線形体に対する、直線形体の平行度を要求する図示の問題である。この場合の一般的な公差域は、データム軸直線に対して平行な、直径いくらの円筒内に入るか、というものになる。

つまり、公差値の前に、直径を表す記号 "φ" を付ける。

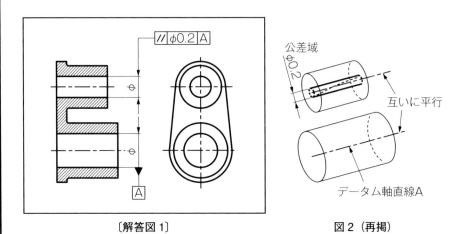

〔解答図1〕　　　　　　　　　　　図2（再掲）

ここで注意することは、解答図1のままの図示では終わらない、ということである。データム A に設定した軸線と規制したい軸線との位置公差が指示されていない。

その場合の図示としては、下の**補足図**に示すように、データム軸直線 A を参照する位置度公差を指示となる。

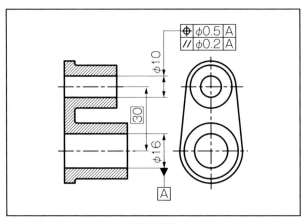

〔補足図〕

《問題 NO.》	016	《関連規格》	ISO 1101、JIS B 0021
《テーマ》			外側形体と内側形体のある部品での同軸度と直角度の指示方法
《キーワード》			同軸度、直角度、データム軸直線

【演習問題】

図1の図面の設計意図は

「直径50 mm の円筒部をデータム A にとって、直径44 mm の円筒穴（内側形体）の軸線を同軸度公差で規制し、かつ、部品右側の端面を、データム A に対する直角度公差で規制したい」

というものである。

その設計意図に対して、この図示には不適切なところがある。正しい指示を示せ。

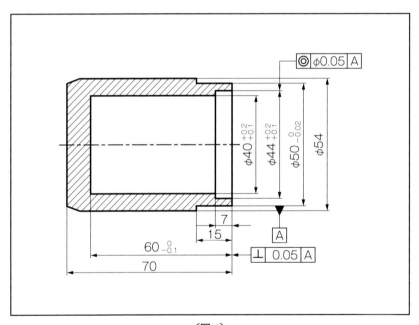

〔図1〕

<解答>

《データム A について》

問題の図1では、φ50 の円筒の寸法補助線にデータム記号を置いている。これでは、直径50の円筒の母線をデータムに設定したことになってしまう。

設計意図としては、データムとして設定しているのは円筒の軸線なので、データム指示記号は φ50 の寸法線の延長上に置かなければならない。

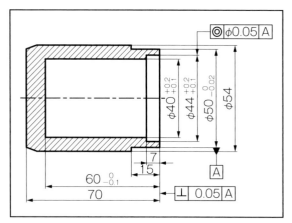

〔解答図1〕

《右側面への直角度指示について》

問題の図1では、φ40 の円筒穴の深さ寸法60の寸法線の延長上に、指示線の矢を当てている。これでは、規制対象の形体は、深さ60の中間に位置する中心面（円形）の直角度を規制することになる。

設計意図は、単純に右側面の表面であるから、どの寸法線の延長上にも位置しないように、指示線の矢を当てる、である。

《同軸度指示について》

この指示は、φ44 の円筒穴の寸法線の延長上に、指示線を当てているので、規制対象は軸線であり、指示は適切である。

【補足】

解答図1の寸法7、15、60の指示は、実は、曖昧な指示である。

明確なものにするには、幾何公差を用いた指示となる。それは、右の補足図のようになる。

なお、寸法7と15については、位置度に公差値は入れていないが、必要な値が入る。

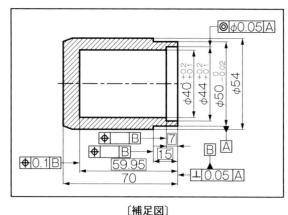

〔補足図〕

《問題 NO.》	017	《関連規格》	ISO 1101、JIS B 0021
《テーマ》		傾斜した面の姿勢の規制	
《キーワード》		傾斜度、複数形体、データム平面、理論的に正確な角度寸法（TED）	

【演習問題】

　図 1 の部品の設計意図は
「部品の右上の 2 つの斜面（平面）について、第 1 に、データム A で指定した部品底面に対して正確に 45°の平面に、次に、データム B に指定した平面に正確に直角な平面として、その 2 つの平面を基準として、2 つある傾斜した表面を、"ともに 1 つの間隔 0.1 の平行二平面の間"に規制する」
というものである。

　この設計意図に対して、図 1 の図示は正しいか。
　誤っている指示があれば、正しい指示方法を示せ。

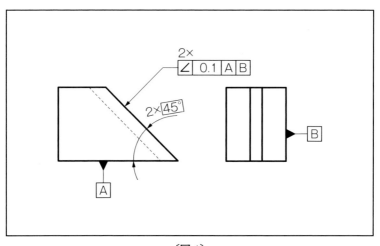

〔図 1〕

<解答>

この問題のポイントは、規制対象の形体が2つの"複数形体"であることである。2つの形体に対して、"同じ公差値の幾何公差を個別に独立して適用する"のか、"同じ公差値の幾何公差を組合わせて同時に適用する"のか、を明確に区別した図示にすることである。

この問題文では、"同じ公差値の幾何公差を組合わせて同時に適用する"ことなので、Combined zone（組合せ公差域）を意味する記号"CZ"を公差値の後に付加した図示になる。

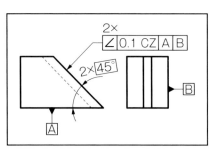

〔解答図1〕

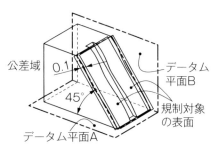

〔解答図1の公差域〕

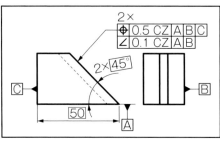

〔補足図1〕

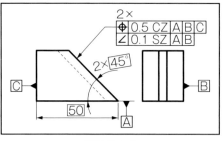

〔補足図2〕

【補足】

姿勢公差に加えて、位置公差を指示する場合、左の**補足図1**のようになる。

2つの傾斜面の表面を、組合わせて一緒に扱い1つの公差域に規制する指示である。

位置公差の公差域0.5には、2つの形体共に入っていることを要求するが、それぞれの傾斜した表面は、個別に公差域0.1の傾斜度公差に入っていればよい、という場合がある。

その場合の指示は、ISO 1101：2017で規定されている、記号"SZ"を用いた**補足図2**のようになる。

* SZ：Separate zones（単独公差域）

《問題 NO.》	018	《関連規格》	ISO 1101、5459
《テーマ》		直交するデータムに対する姿勢公差の指示方法	
《キーワード》		データム、データム平面、姿勢公差	

【演習問題】

　図1の部品の設計意図は「第1次データム平面Aとして、対象の円筒軸の軸線を、図2に示すように直角二方向の公差域に規制する」というものである。

　それぞれに指示する適切な幾何公差指示がどうなるか示せ。

　なお、この部品のデータム系は、第1次データムA、第2次データムB、第3次データムCとする。

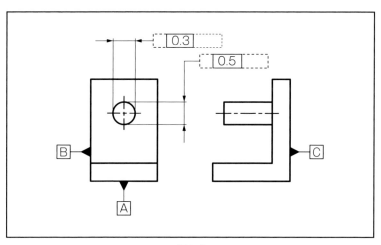

〔図1〕

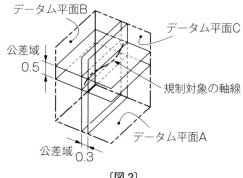

〔図2〕

問題 NO.	018	《キーワード》	姿勢公差、データム平面、位置度

<解答>

　この問題のポイントは、指定する幾何公差の種類が、第1次データムとしたデータム平面Aと、どのような姿勢関係にあるかということにある。規制する形体は、直線形体である軸線である。それはデータム平面Aに対して平行の姿勢関係にあるので、用いる幾何公差はいずれも平行度公差となる。次に、参照するデータムがどうなるかである。まず、垂直方向の公差値0.5は、その公差域の幅はデータム平面Aに対して平行なので、第1次データムとして参照するのはデータムAだけでよい。一方、水平方向の公差値0.3は、第1次データムとして参照するのはデータムAであるが、その公差域の幅はデータム平面Bに対して平行なので、第2次データムとしてデータムBを参照することになる。したがって、この問題の答えは**解答図1**のようになる。

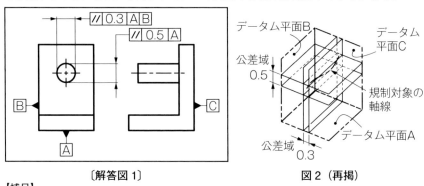

〔解答図1〕　　　　　　　　　図2（再掲）

【補足】

　この図示で注意したいことは、この指示だけでは、この部品の幾何公差指示が完結していないことである。この軸線自体について、少なくともこの部品のデータム系に対する位置公差の指示が必要である。その指示例としては、次に示す**補足図1**となる。このときの位置度の公差域は、**補足図2**のようになる。この指示であれば、3Dモデルに対する要求事項としても用いることができる。

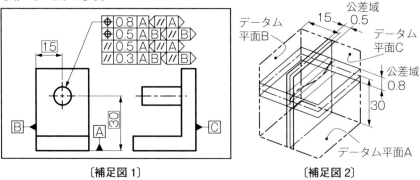

〔補足図1〕　　　　　　　　　〔補足図2〕

　なお、この図示では、データムCに対しての位置（距離）に関する指示は割愛しているので、この軸線の幾何公差指示に関しては、データムCは不要なものである。

《問題 NO.》	019	《関連規格》	ISO 1101、JIS B 0021
《テーマ》		円筒穴のある部品における位置度、円筒度等の指示方法	
《キーワード》		位置度、円筒度、平行度、平面度、データム	

【演習問題】

図1の設計意図は

「データム平面としてデータムA、B、Cを指定して、直径10の円筒穴については、位置度公差と円筒度公差で、側面図の右側表面の垂直面について、平行度公差と平面度公差で規制する」

というものである。

この中には、設計意図として、不適切な指示がある。

正しい指示方法を示せ。

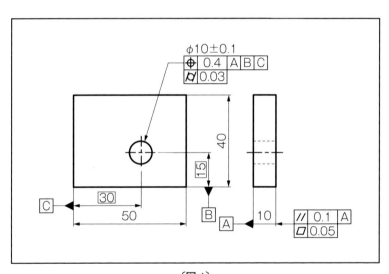

〔図1〕

<解答>

この問題のポイントは、規制する形体が、外殻形体か誘導形体かを確認して、指示するということである。

《まず、データム A の指示について》

問題文の図 1 では、厚さ 10 mm の寸法の延長上に、データム記号が置かれているので、これではデータムは、厚さ 10 mm の中心平面になるので、それは設計意図とは異なる。寸法線の延長上からは明瞭に離して指示する。

《φ10 の円筒穴の位置度公差について》

これは軸線（中心線）の規制である。この図示では、円筒穴の円形上に指示線の矢印を指示しているが、サイズ公差（φ10±0.1）と併記していることで、この幾何公差の規制の対象は、誘導形体である軸線と解釈される。しかし、規制対象が軸線であることを明瞭とするために、指示線の先端は両矢印とするのが、規定である。また、公差域は方向を定めない位置度であるので、公差値の前に記号 "φ" が付く。

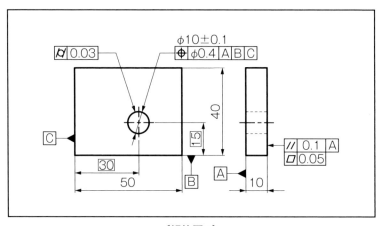

〔解答図 1〕

《φ10 の円筒穴への円筒度公差について》

この幾何公差の規制形体は外殻形体の円筒周面である。したがって、軸線規制の指示と一緒に図示してはならない。**解答図 1** のように、円筒外形であることを明示するために、位置度指示とは別の指示とする。

《平行度公差と平面度公差の指示について》

この指示は、指示した表面についての、データム平面 A に対する平行度公差と表面自体の平面度公差指示である。問題文の図では、幅 10 の寸法線の延長上に指示しているので、これでは中心面になるので、設計意図とは異なる。表面の外形に指示する（または、寸法補助線への指示とする）。なお、上図では、引出線を上段枠から引き出しているが、〔図 1〕の方法でもよい。

《問題 NO.》	020	《関連規格》	ISO 1101、JIS B 0021、0022
《テーマ》			2つの中心面を基準にした円筒の軸線への対称度の指示方法
《キーワード》			対称度、データム中心平面、軸線、公差域

【演習問題】

図1の図面指示で要求する設計意図は

「部品の左右に2つある中心面（左の間隔10の中心面と右の間隔14の中心面）によってできる1つの平面を、共通データム中心平面A–Bとして、これに一致する位置に対象の円筒穴の軸線を、対称度公差として、0.1 mm の範囲に規制したい」

である。

その公差域の状態を、図2に示す。

この設計意図に対して、図1の図示は正しいか。

誤っている指示があれば、正しい指示方法を示せ。

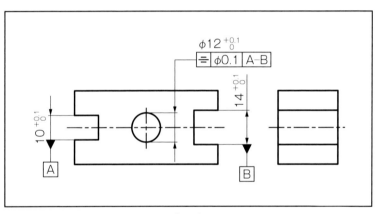

$\phi 12^{+0.1}_{0}$

≡ | $\phi 0.1$ | A–B

$14^{+0.1}_{0}$

$10^{+0.1}_{0}$

A

B

〔図1〕

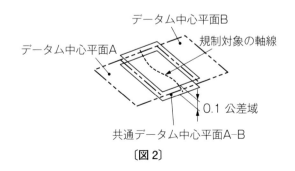

データム中心平面B

規制対象の軸線

データム中心平面A

0.1 公差域

共通データム中心平面A–B

〔図2〕

<解答>

問題文の図示では、規制対象の軸線に対しての公差域を、直径 0.1 の円筒内にする指示になっている。

対称度公差の公差域とは、"データム中心平面に対して互いに対称であるべき形体の対称位置からの隔たりの大きさ"である。これを、別な言い方をすれば、対称度公差の公差域とは、"データム中心平面を基準に対称とする公差値を間隔とする平行二平面の内側"である。

したがって、規制形体が、たとえ直線形体であっても、公差域の空間は、"平行二平面間"であり、対称度公差の公差値の前に、直径を意味する記号"ϕ"が付くことはない。

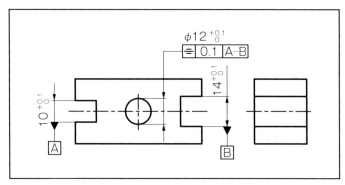

〔解答図 1〕

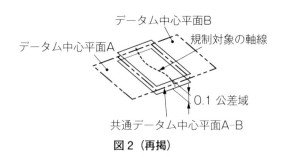

図 2（再掲）

【補足】

この図示例の場合は、データムを中心面に設定した"データム中心平面"のケースである。両側の形体が円筒穴とすれば、軸線を取ることもあり、その場合は、"データム軸直線"が、対称度のデータム（基準）ということになる。

《問題 NO.》	021	《関連規格》	ISO 1101、5459、JIS B 0021、0022
《テーマ》		規制対象と公差域を考慮した正しい指示方法	
《キーワード》		位置度、平行度、直角度、真円度、Ⓔ、公差域	

【演習問題】

図1に示す図示において、適切でない指示があれば、正しい指示に変えよ。

ただし、位置度と平行度は、いずれも、その公差域は円筒形の内部とする。

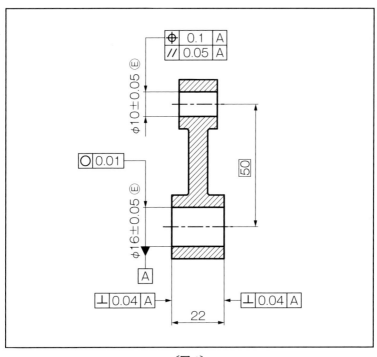

〔図1〕

【補足】

図1で指示されている幾何公差について：

・形状公差：真円度公差

・姿勢公差：平行度公差、直角度公差

・位置公差：位置度公差

問題 NO.	021	《キーワード》	位置度、平行度、真円度、直角度

<**解答**>

この問題のポイントは、規制対象の形体が、外殻形体か誘導形体かを区別することである。

まず、上部のφ10の円筒穴に対する指示だが、位置度公差と平行度公差が指示されている。これは、誘導形体である軸線が規制対象なので、寸法線の延長上に指示されており、指示方法は適正である。しかし、その公差域は、いずれも指示した数値を直径とする円筒内であるから、公差値の前に記号"φ"が付かなければならない。

次に部品下部のφ16の円筒穴に指示している真円度公差であるが、真円度公差は外殻形体が規制対象なので、指示線は寸法線の延長上からは明確に離さなければならない。

なお、部品下方に指示している2カ所の直角度公差の指示は、それぞれ両側表面に対する規制なので、この指示で問題はない。

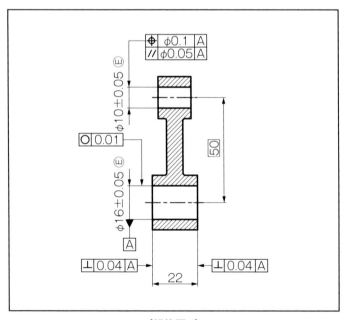

〔解答図 1〕

《問題 NO.》	022	《関連規格》	ISO 1101、JIS B 0021
《テーマ》		球体の中心の位置の指定範囲内への規制	
《キーワード》		位置度、データム、球の中心	

【演習問題】

図1の図示で要求する設計意図は

「部品の広い面をデータム平面 A、部品側面をデータム平面 B に、そして、幅30の中心面をデータム中心平面 C とし、データムの優先順位を第1次：A、第2次：B、第3次：C とし、図示した位置（TED）を真位置として、直径16 mm の球の中心を位置度公差で規制したい」

というものである。

この設計意図に対して、図1の図示は正しいか。

誤っている指示があれば、正しい指示方法を示せ。

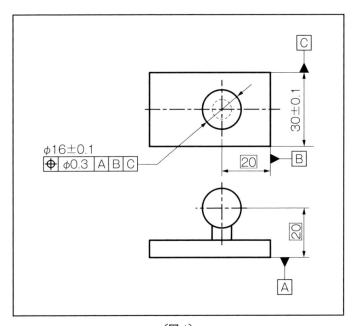

〔図1〕

<解答>

　この場合、大事なことは、規制したい形体が何かである。直径16の球体の中心が規制対象であるので、中心点の規制である。点に対する公差域は、真位置を中心とした"公差値を直径とする球の内部"となる。したがって、球のサイズ指示と公差値の前には、球の直径を表す記号"Sϕ"を付けることになる。

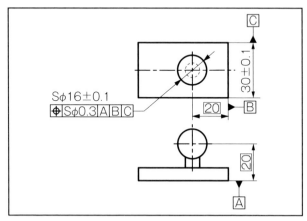

〔解答図1〕

　この事例で注目すべきは、データムCで指示しているデータムが何かである。データムCは、30±0.1のサイズ公差で指示している部品の幅の寸法線の延長上に指示している。つまり、このサイズ公差で変動する幅の中心面がデータム平面なのである。

　この場合の規制対象の点の真位置は、データム中心平面C上にあって、データム平面Aとデータム平面BからそれぞれTED20の位置である。対象の点は、この真位置を中心に直径0.3の球体内にあればよい（**解答図2**参照）。

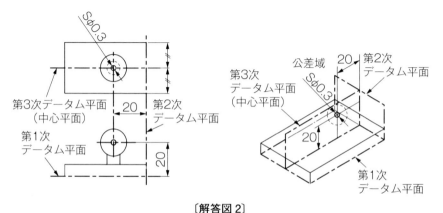

〔解答図2〕

《問題 NO.》	023	《関連規格》	ISO 1101、5458、JIS B 0025
《テーマ》		同軸上に複数ある軸線への位置度を用いた規制	
《キーワード》		位置度、複数形体の規制	

【演習問題】

図1は、部品の内側の円筒穴の軸線をデータム A として、外側の円筒の2つの軸線に対して、位置度公差を指示した図示例である。

現在の ISO 規格では、図示の曖昧さを避けて、明確な指示をするということで、新しい指示方法が規定されている。

その指示方法とはどのようなものか示せ。

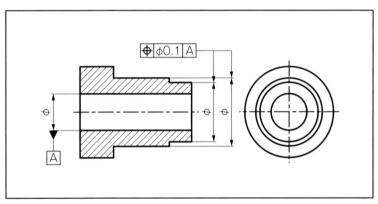

〔図1〕

【補足】

図1の指示方法は、現在の JIS の JIS B 0025：1998 では、通常に用いることができるものである。しかし、2018 年に発行された ISO 5458 では、より明確な指示方法として、新たな指示方法が規定された。

それがどのような規定であるかを知ってもらうために、あえて取り上げた問題である。今後、守っていかなければならない規則として、正しく理解してほしい。

<解答>

　ISO 規格の幾何公差指示では、1 つの形体に 1 つの公差指示をすることが原則になっている。したがって、このように、1 つの公差記入枠によって、2 つの形体に同じ公差特性（位置度公差）で、同じ公差値（φ0.1）を指示する場合、明確に区別すべきことがある。つまり、2 つの形体に対して、"それぞれ独立に規制することを要求している" のか、それとも "2 つの形体を一緒に組合せて同時に満たすことを要求している" のか、明確に区別した指示が必要なのである。明確な正しい指示は**解答図 1** となる。

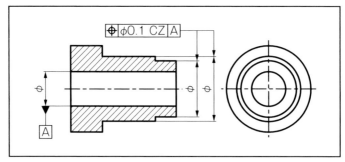

〔**解答図 1**〕

【補足】

　問題の図 1 の、従来の指示では、「データム軸直線が指示されていて、それを基準に直径 0.1 の円筒内の公差域の要求を指示している。したがって、規制対象が複数になっても、何ら変わらず同じこと」として、公差値だけの指示ですませてもよかった。ところが、「複数形体に対して 1 つの公差記入枠によって要求指示する」場合は、「独立した個別なものとして要求している」か、「組合せて一緒のものとして同時に要求している」かを明確に指示することになった。

　「組合せて一緒のものとして同時に要求する」場合は、Combined zone（組合せ公差域）を意味する記号 "CZ" を公差値の後に付加する。

　「独立して個別なものとして要求する」場合は、**参考図 1** のように、Separate zones（単独公差域）を意味する記号 "SZ" を公差値の後に付加することとなった。仮に、公差値だけの指示だった場合、「独立した個別なものとして」検証をされても構わない、ということになる。

　設計意図をより明確に指示する必要が増している。

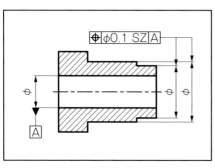

〔**参考図 1**〕

《問題NO.》	024	《関連規格》	ISO 1101、JIS B 0021
《テーマ》		曲面上の曲面形体の輪郭の規制	
《キーワード》		面の輪郭度、曲面形体、位置公差、姿勢公差、公差域	

【演習問題】

図1の図示で要求する設計意図は
「まず、部品をデータムBに指定した面を定盤に置いて、そこから円弧面の頂点の位置までの距離をTEDで示す値とし、さらに、円弧面はデータム平面Aに対して直角になるように、面の輪郭度公差を使って間隔0.2の境界面内に規制したい」
というものである。

この設計意図に対して、図1の図示は正しいか。
誤っている指示があれば、正しい指示方法を示せ。

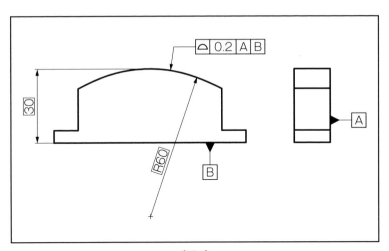

〔図1〕

<解答>

　この面の輪郭度公差の指示は、位置公差と姿勢公差、それに形状公差のすべてが入った規制となっている。その場合、大事なことは、まず、規制対象の形体の位置が、参照するデータムに対して、理論的に正確な寸法（TED）で、きちんと指示されていることである。

　この図面指示では、規制対象の形体は、TED R60の円弧面であり、この頂点の位置はデータム平面Bによって決まる。問題文で「部品をまずデータムBに指定した面を定盤に置いて」とあることから、第1次データムとして参照するデータムは、データムBでなければならない。

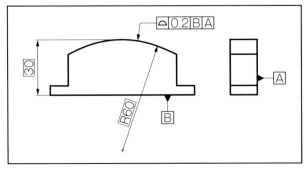

〔解答図1〕

　この規制対象の形体は、データム平面Aに対して、どのような関係にあるかというと、公差域を表す**解答図2**に示すように、公差域の方向がデータム平面Aと直角方向という姿勢関係にある。

　したがって、問題文の図1のように、データム平面Aは、第1次データムとして参照するのではなく、第2次データムとして参照することになる。

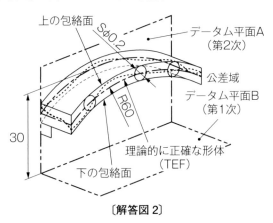

〔解答図2〕

《問題 NO.》	025	《関連規格》	ISO 1101
《テーマ》	曲面上の線要素の輪郭の規制		
《キーワード》	線の輪郭度、線要素、公差域		

【演習問題】

図1の図示で要求する設計意図は
「部品の上面の曲面上に無数に存在する線要素（曲線）の1つ1つの輪郭を、線の輪郭度公差を使って、指示した間隔0.1の内部に規制したい」
というものである。

この設計意図に対して、図1の図示は正しいか。
誤っている指示があれば、正しい指示方法を示せ。

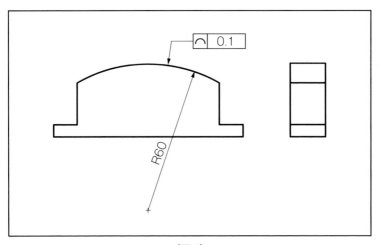

〔図1〕

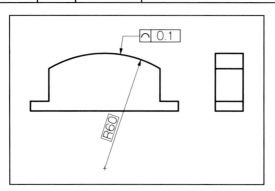

〔解答図 1〕

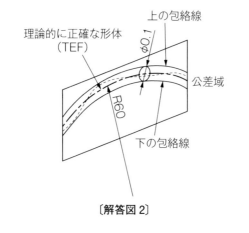

〔解答図 2〕

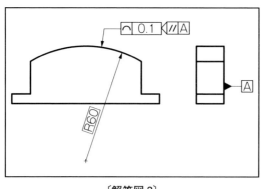

〔解答図 3〕

<解答>

　この線の輪郭度公差の指示は、形状公差の輪郭度に相当する。

　輪郭度指示の場合、線の輪郭度でも、面の輪郭度であっても、まず、規制対象の形体が"理論的に正確な寸法（TED）"で定義されている必要がある。つまり、指示寸法は、"枠付き寸法"による指示でなければならない。

　規制対象の輪郭線（この場合は、半径60の円弧）は、投影図での垂直面に対して平行な平面上にあって、正面図の手前から奥の方向にわたって無数に存在する。

【補足】

　これを明確にする指示方法として、ISO 1101：2017 では、**解答図3**に示すように、データム平面を指示して、それに平行な平面上にある輪郭線であることを明示することになった。

　公差記入枠の右側に追記されている記号 **//A** は、Intersection plane indicator（交差平面指示記号）というもので、規制形体がどこに存在するものかを、補足的に表すものである。

　今後は、この記号を使って、設計意図を明確にすることが求められる。

《問題 NO.》	026	《関連規格》	ISO 1101、5459、JIS B 0021
《テーマ》		両端の軸線を共通データムとする円周振れの指示方法	
《キーワード》		円周振れ、同軸度、共通データム、公差域	

【演習問題】

図1の図示の設計意図としては
「左右それぞれの円筒軸の軸線をデータム A とデータム B とし、その共通データム軸直線 A–B に対して、中央部の円筒部表面の円周振れ公差を、0.05 の振れ幅に規制したい」
というものである。

しかし、この図示には不適切なところがある。正しい指示方法はどうなるか示せ。

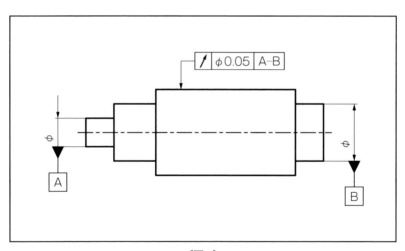

〔図1〕

問題 NO.	026	《キーワード》	円周振れ、半径方向の円周振れ、公差域

<解答>

　この場合の円周振れ公差は、"半径方向の円周振れ"に相当する。この半径方向の円周振れの場合、その公差域は、共通データム軸直線を回転中心にして、1回転させたときの振れの大きさとなる。したがって、問題の図1のように、公差値の前に直径を表す記号"φ"が付くことは決してない。正しい指示は、**解答図1**のようになる。

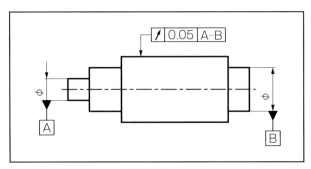

〔解答図1〕

　半径方向の円周振れの公差域は、**解答図2**のようになる。

　この公差域は、データム直線に対して垂直の平面上にある。これが部品において、指示した円筒の端から端までの任意の位置において、指示した公差値を満足しなければならない。

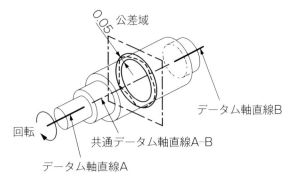

〔解答図2〕

【補足】

　円周振れ公差には、次の4種類がある。その公差域の方向によって分けられる。

① 半径方向の円周振れ（公差域は軸線に対して直角方向）
② 軸方向の円周振れ（公差域は軸線に対して平行方向）
③ 任意の方向の円周振れ（公差域は形体に対して法線方向）
④ 指定した方向の円周振れ（公差域は軸線に対して指定角度方向）

《問題 NO.》	027	《関連規格》	ISO 1101、JIS B 0021
《テーマ》		軸線と直角にある表面の円周振れの指示方法	
《キーワード》		円周振れ、データム	

【演習問題】

図1の図示の意図としては

「部品の軸線をデータムとして、部品左側の表面の円周振れ公差を、振れ幅 0.005 に抑えたい」

というものである。

この図示には不適切なところがある。正しい指示方法を示せ。

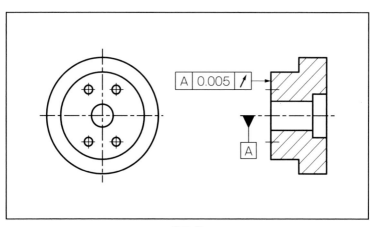

〔図 1〕

【補足】

図1の部品において、図で（細い一点鎖線で）示される中心線の軸線は、実際には4本考えられる。

この図示では、それが明確になっていない。

図面では、データムに設定する軸線が、いずれかを明確に指示しなければならない。

＜解答＞

　この場合の円周振れ公差は、"軸方向の円周振れ"に相当する。

　問題の図1では、まず、円周振れ公差の公差記入枠の指示方法が正しくない。記入枠の最初の区画には、振れ公差の記号が入り、次の区画に公差値、その次には参照するデータムという順序になるのが、正しい指示である。

　次に、回転の中心になるデータム軸直線の指示であるが、中心線自体にデータムを設定することは、曖昧さがあることから、許されていない。

　この場合のデータム指示であるが、**解答図1**に示すように、回転軸として選択する円筒の直径を表す寸法線の延長上にデータム記号を置く。

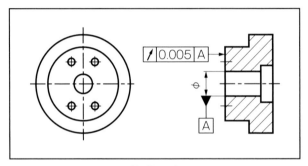

〔解答図1〕

　この軸方向の円周振れの場合、その公差域は、**解答図2**に示すように、データム軸直線 A を回転中心にして、1回転させたときの任意の半径における、軸方向の振れの大きさとなる。したがって、公差域は、"ある半径の円形の軸線方向の幅の大きさ"ということになる。

　これを規制対象の円筒の外側から中心までの、いずれにおいても指示した公差値内にあることを要求している。

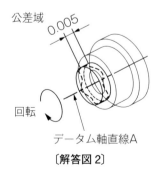

〔解答図2〕

《問題 NO.》	028	《関連規格》	ISO 1101、JIS B 0021
《テーマ》		内側形体と外側形体をもつ回転部品への正しい幾何公差指示	
《キーワード》		真円度、円筒度、同軸度、円周振れ	

【演習問題】

外側形体と内側形体をもつ円筒部品に対して、**図1**のような図示がある。

直径 43 mm の外側形体に対しては、円周振れ公差と同軸度公差が指示され、直径 25 mm の内側形体に対しては、真円度公差と円筒度公差が指示されている。

データムとして、左側面の表面と直径 25 の軸線が、それぞれ設定されている。

この図示の中には、適切でない指示がある。適切な指示方法を示せ。

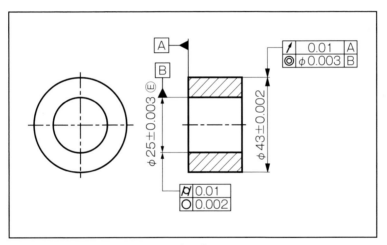

〔図 1〕

【補足】

幾何公差によって形体を規制する場合、必ず

・それが外殻形体を規制するものであるか

・それが誘導形体を規制するものであるか

を明確に区別した指示が求められる。

問題 NO.	028	《キーワード》	円筒度、外殻形体、真円度、面の輪郭度、円周振れ

<解答>

1) 円周振れ公差の指示について：

　円周振れ公差が規制する形体は、外殻形体である。問題の図1では、φ43の寸法線の延長上に指示されているので、規制対象は誘導形体である軸線になる。

　この場合は、φ43の外径部表面が規制対象であるので、**解答図1**のように、外周面自体に矢印を当てる（あるいは、寸法補助線に矢印を当ててもよい）。

　また、この場合の参照するデータムはデータムBが正しい。

2) 真円度公差、円筒度公差の指示について：

　真円度公差と円筒度公差が規制する形体は、いずれも外殻形体である。したがって、公差記入枠の指示線の先は、規制する形体自体、あるいは、寸法補助線への指示でなければならない。問題の図1では、φ25の寸法線の延長上に指示線の矢が当てられているので、規制する形体が誘導形体の軸線になってしまう。つまり、解答図1のようにしなければならない。

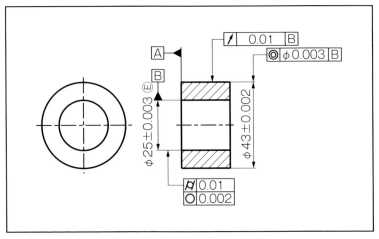

〔解答図1〕

【補足】

　同軸度公差の規制対象は軸線であるから、φ43の寸法線の延長上に矢印を当てる図1の指示方法で問題はない。

《問題 NO.》	029	《関連規格》	ISO 1101、5459、JIS B 0021
《テーマ》		姿勢公差と振れ公差のある部品への幾何公差指示	
《キーワード》		直角度、平行度、円周振れ、データム軸直線、データム平面	

【演習問題】

図1の図示で要求する設計意図としては

「データム軸直線 A に対して、指示した形体の直角度公差を、半径方向の円周振れ公差を、それぞれ所定の公差値に規制したい。また、部品の左の側面については、データム平面 B に対して、所定の公差値に平行度公差を規制したい」

というものである。

なお、このデータム平面 B は、データム A に対する直角度公差で規制している。

この設計意図に対して、図1の図示は正しいか。

誤っている指示があれば、正しい指示方法を示せ。

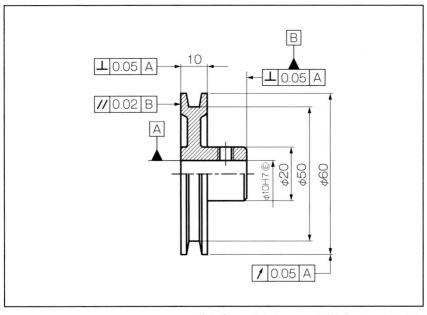

〔図1〕　＜注＞すべての寸法を指示してはいない

問題 NO.	029	《キーワード》	データム、軸線、円周振れ、外殻形体、誘導形体

<解答>

1) データム A の指示について:

　この場合のデータム A は、$\phi10$ の円筒穴の軸線と考えるのが、一般的である。問題文の図1の指示は、$\phi10$ の円筒穴の円筒面の外形線から延長した線に矢印を当てている。この指示では、対象が円筒の母線となってしまう。それを避けるのは、**解答図1**のように、データム A は、$\phi10$ の直径の寸法線の延長上に、置くことになる。

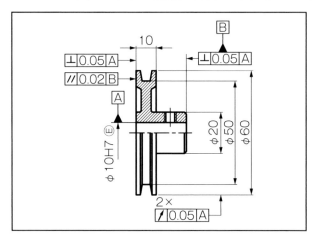

〔解答図1〕

2) 円周振れ公差の指示について:

　円周振れ公差が規制する形体は、外殻形体であるので、公差記入枠の指示線の先は、規制する形体自体、あるいは、寸法補助線上に当てなければならない。問題の図では、$\phi60$ の寸法線の延長上に指示線の矢が当てられているので、規制する形体が誘導形体の軸線になる。なお、振れの対象形体は2つあるので、"2×" を付記する。

3)（左上の）直角度公差の指示について:

　直角度公差が規制する形体は、外殻形体、誘導形体のいずれの場合もある。問題の図1では、寸法10の寸法線の延長上に指示されているので、規制対象は誘導形体の幅10の中心面となる。プーリ幅の両側面によってつくられる中心面を規制したいのであれば、問題の図1の指示でよいが、この場合は、プーリ左側面の表面を規制したいとした。そうであれば、**解答図1**のように、寸法補助線上に矢を当てる（あるいは、側面外形自体に矢印を当てる）のが正しい方法である。なお、左側面への2つの指示は、公差記入枠を重ねて一緒の指示とするのがよい。

【補足1】（右上の）直角度指示は、データム軸直線 A に対する面の直角度であり、この指示で問題はない。データム指示記号は、枠の下だけでなく、このように上側に置いてもよい。

【補足2】 この部品の機能を考えた場合、幅中央部にある台形溝の形状のあり方が重要と思われるが、ここでは割愛している。

《問題 NO.》	030	《関連規格》	ISO 1101、5459、JIS B 0021
《テーマ》			規制対象の形体が外殻形体か誘導形体かを明確にした指示方法
《キーワード》			同軸度、全振れ、データム、円筒形体、外殻形体、誘導形体

【演習問題】

図1の図示で要求する設計意図としては

「データム軸直線 A に対して、指示した形体を、全振れ公差で規制し、さらに、その円筒の軸線を、同軸度公差で規制したい」

というものである。

この設計意図に対して、図1の図示は正しいか。

誤っている指示があれば、正しい指示方法を示せ。

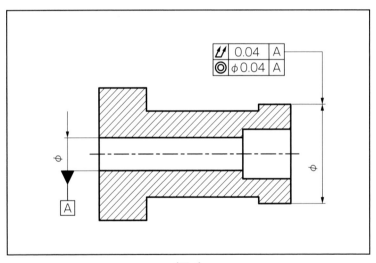

〔図 1〕

| 問題 NO. | 030 | 《キーワード》 | 全振れ、データム軸直線、外殻形体、誘導形体 |

<h2><解答></h2>

この部品は、内側の小さな円筒穴の軸線をデータム A として、右側の外側の円筒に対して、全振れ公差と同軸度公差で規制するものである。

問題は、まず、規制する形体が、円周面自体の外殻形体に対してか、軸線など誘導形体に対してか、である。

全振れ公差は、外周面自体に対する幾何公差なので、その円筒の外形自体か、寸法補助線上に指示しなければならない。問題文では、直径の寸法線の延長上に指示しているので、これでは軸線への指示になってしまうので正しくない。**解答図 1** に示すように、外形自体への指示とする（寸法補助線上でもよい）。この場合の公差域は、**解答図 2** のようになる。

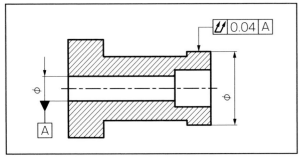

〔解答図 1〕

なお、全振れ公差の中には、基本的に、データム軸直線 A に対する同軸度の規制を含んだものとなっている。したがって、この場合は、同軸度指示は不要である。

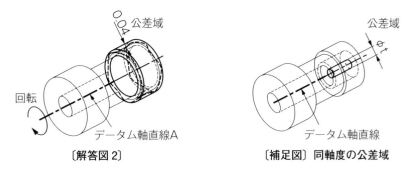

〔解答図 2〕　　　　〔補足図〕同軸度の公差域

<h3>【補足】</h3>

全振れ公差は動的特性であり、同軸度や円筒度などの静的特性の結果である。

設計要求によっては、同軸度を厳しく要求し、さらに全振れをある公差値に規制したい、ということがあるかも知れない。その場合には、指示する意味がある。

《問題 NO.》	031	《関連規格》	ISO 1101、JIS B 0021
《テーマ》		円すい形状をした部品に対する振れ公差の指示方法	
《キーワード》		全振れ、円すい形状、振れ公差	

【演習問題】

<問1>

図1は、わずかに円すい形状をしたローラ部品に対して、全振れ公差が指示されている。適切か否か。

不適切ならば、その理由を述べよ。

<問2>

図1のような円すい形状をしたローラ部品に対して、その振れ公差を規制したい場合、どのような指示が適切か、その図示を示せ。

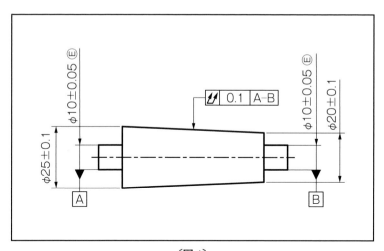

〔図1〕

＜問 1 の解答＞

　"全振れ公差"で規制できる形体は、図示上で直径が一様な円筒形体や回転形体である。したがって、問題の図 1 は、円すい形体なので、このような形体は、全振れ公差で規制できる対象の形体ではない。

＜問 2 の解答＞

　問題図 1 のような円すい形体に対して振れ公差で規制したい場合は、次の**解答図 1**に示すように、"半径方向の円周振れ公差"に代えることで規制できる。幾何公差の記号を、単に全振れ公差記号から円周振れ公差記号に置き替えるだけでよい。

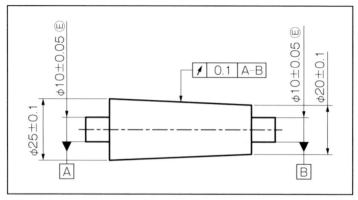

〔**解答図 1**〕

　半径方向の円周振れの公差域は、**解答図 2**に示すように、円すい形体の軸方向の任意の位置での振れの大きさである。

　ここからわかるように、対象形体の直径のサイズ公差とは無関係である。

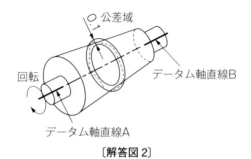

〔**解答図 2**〕

《問題 NO.》	032	《関連規格》	ISO 1101、JIS B 0021
《テーマ》			円すい形状をした形体に対する円周振れの指示方法
《キーワード》			円周振れ、公差域

【演習問題】

図1に示す形状の部品において、円すい面に対する円周振れ公差の指示方法を考える。

いずれも、公差値は 0.1 とする。

<問1>

"公差域を形体表面に対して法線方向とする"場合の円周振れ公差の図示方法を示せ。

<問2>

"公差域を軸線に対して斜め指定方向とする"場合の円周振れ公差の図示方法を示せ。ただし、指定角度は 60° とする。

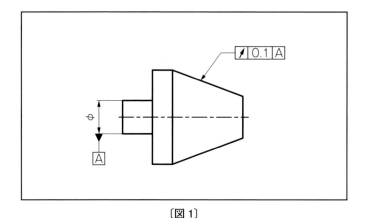

〔図1〕

【補足】

円周振れ公差の4種類については、P54 を参照のこと。

問題 NO.	032	《キーワード》	円周振れ、法線方向の円周振れ、指定角度方向の円周振れ

<問1の解答>

　"法線方向の円周振れ公差"の指示は、**解答図1**のように、公差記入枠からの指示線の矢印を、規制対象の形体に対して、直角の方向に当てる。

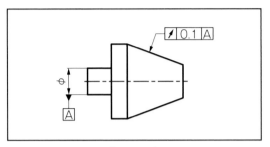

〔解答図1〕

<問2の解答>

　"斜め指定角度方向の円周振れ公差"の指示は、下の**解答図2**に示すように、回転中心となるデータム軸直線と規制対象形体との間に、要求する指定角度を理論的に正確な角度寸法（TED）で指示し、その方向から公差記入枠からの指示線を当てる。

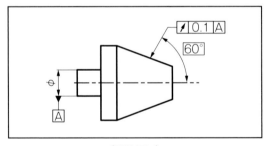

〔解答図2〕

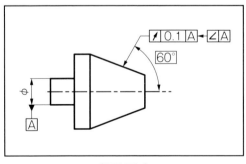

〔解答図3〕

【補足】

　"斜め指定角度方向の円周振れ公差"の指示は、ISO 1101：2017で新しい指示方法が規定された。

　この公差記入枠の右側に付加している記号 ◄∠A は、Direction feature indicator（方向形体指示記号）というもので、この記号によって、公差域の方向を表している。

《問題 NO.》	033	《関連規格》	ISO 1101、5459、JIS B 0021、0022
《テーマ》		複数の形体をデータムに設定する指示方法	
《キーワード》		直角度、データム、データム軸直線	

【演習問題】

　図1の図示で要求する設計意図は

「左右の2つの円筒穴の軸線をデータム軸直線として、部品左右の表面を、そのデータム軸直線に対する直角度公差で規制したい」

である。

　この設計意図に対して、図1の図示は、あいまいさがあり、好ましくない。正しい指示方法を示せ。

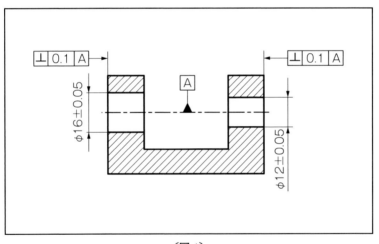

〔図1〕

問題 NO.	033	《キーワード》	直角度、軸線、共通データム、CZ

<解答>

　問題文の図1のように、中心線に直接に、データム記号を設置する方法は、かっては許された指示方法であるが、現在では、対象の形体が曖昧だということで、許されなくなっている。

　この場合は、左の円筒穴と右の円筒穴に2つの軸線の共通軸線をデータムに設定したいということであり、**解答図1**のように、左右の円筒穴の直径の寸法線の延長上にデータム記号 A と B を、それぞれ設置する。

　その上で、2つの直角度公差の公差記入枠で参照するデータムは、共通データムなので、"A-B" と表記する。この指示により、いずれの直角度も参照するデータムが、共通軸直線 A-B と解釈される。

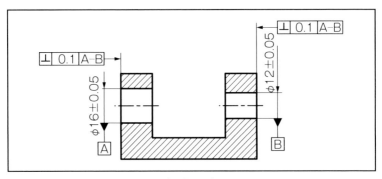

〔**解答図1**〕

【補足】

　上の解答図1では、データムAとデータムBには、何の幾何公差も指示されていないが、実際には、いずれの形体にも幾何公差が指示される。その指示例を、**補足図1**に示す。なお、この位置度公差は、真直度公差でもよい。

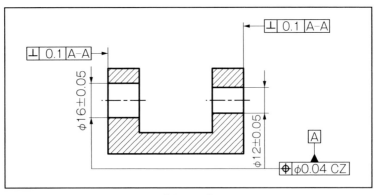

〔**補足図1**〕

《問題 NO.》	034	《関連規格》	ISO 1101、JIS B 0021
《テーマ》		鼓形状をした外側形体表面の形状の規制	
《キーワード》		円筒度、公差域、鼓形状、形状公差	

【演習問題】

図1の設計意図は

「わずかに鼓状をした回転部品の表面を、円筒度を公差値 0.1 の間隔に規制したい」
とする指示である。鼓状の形状については、寸法指示されているものとして、この場
合、円筒度公差指示は適切か否か。

不適切ならば、その理由は何か。
また、設計意図に沿った規制をする場合の適切な指示方法を示せ。

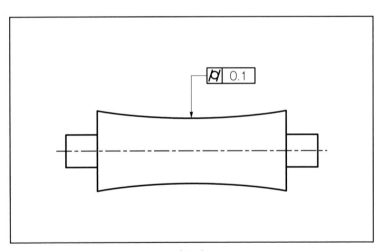

〔図 1〕

<解答>

ここで問題にしているのは、鼓状をした形体の外形をある形状偏差の中に収める場合に、どのような図示がよいかである。その図示方法には、幾つか存在する。

まず、その1つが、**解答図1**のように、真円度公差を用いた指示である。この指示では、鼓状の左端から右端までの任意の位置で、"半径差0.1の同心二円の間"にあればよい、というものである。それぞれの位置における鼓状の直径は、別に検証される。

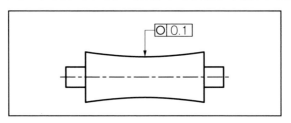

〔解答図1〕

次の方法としては、**解答図2**に示すように、円周振れ公差による指示である。

この場合は、要求している特性が、部品の指定部を中心に回転させたときの特性なので、それが設計意図と合致しているか、吟味して指示することが必要である。

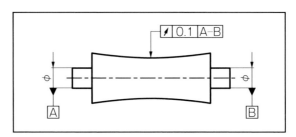

〔解答図2〕

3つ目の方法としては、**解答図3**のように、面の輪郭度公差を使った指示である。

この場合は、鼓の形状と公差域の指示がすべて完了していなければならない。つまり、規制対象の形体が、TEDできちんと定義されている必要がある。

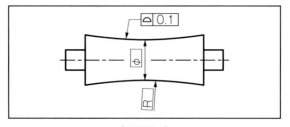

〔解答図3〕

《問題 NO.》	035	《関連規格》	ISO 1101、JIS B 0021
《テーマ》		円すい形状をした部品に対する形状公差の指示方法	
《キーワード》		円筒度、円すい形状、形状公差	

【演習問題】

<問1>

図1は、わずかに円すい形状をしたローラ部品に対して円筒度公差が指示されている。

図示は適切か否か。

不適切ならば、その理由を述べよ。

<問2>

図1のような円すい形状をしたローラのような部品に対して、その形状公差を規制する場合、どのような指示が適切か、その例を2つ示せ。

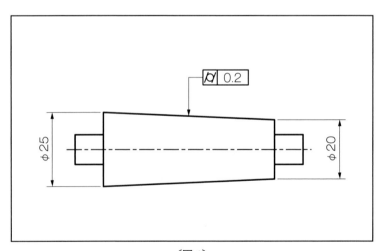

〔図1〕

<問 1 の解答>

"円筒度公差"で規制できる形体は、図示上で直径が一様な円筒形体、回転形体である。ところが、問題の図 1 は、わずかであっても、円すい形体なので、このような形体は、円筒度公差で規制できる形体ではない。

<問 2 の解答>

このような円すい状をした部品の場合の形状公差の規制方法としては、幾つか考えられる。その 1 つが、**解答図 1** に示すように、"真円度公差を用いた方法"である。

この指示では、円すいの左端から右端までの任意の位置で、"半径差 0.2 の同心二円の間"にあればよい、というものである。それぞれの位置における円すいの直径は、別に指示される。

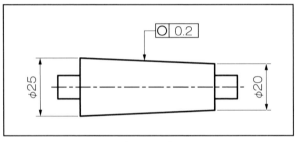

〔解答図 1〕

別の方法としては、**解答図 2** のように、面の輪郭度公差を使った指示である。

この場合は、円すいの形状の TED による定義と公差域の指示が、すべてなされていることである。

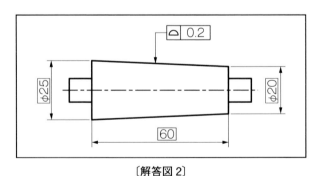

〔解答図 2〕

【補足】

これ以外の指示方法としては、P64 の解答図に示したように、"半径方向の円周振れ"によっても、この形体を規制することはできる。

《問題NO.》	036	《関連規格》	ISO 1101、JIS B 0021
《テーマ》		円すい形状をした形体に対する真円度の指示方法	
《キーワード》		真円度、円すい形状、公差域	

【演習問題】

図1に示す形状の部品において、円すい面（表面B）に対する真円度公差の指示方法について、次の2つの問いに答えよ。

なお、いずれも、公差値は0.2とする。

<問1>

"公差域を（円すいの）軸線に対して直角方向とする場合"の、真円度公差の図示方法を示せ。

<問2>

"公差域を対象の形体に対して法線方向とする場合"の、真円度公差の図示方法を示せ。

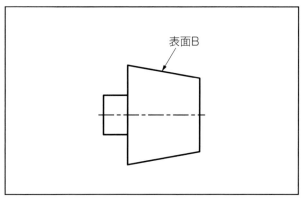

表面B

〔図1〕

【補足】

従来、真円度の指示は、"公差域が軸線に対して直角方向とする場合"が、一般的な指示方法であった。

これに加えて現在は、"公差域が対象の形体に対して法線方向とする場合"の指示方法も規定されている。問2は、その図示を求めるものである。

<問 1 の解答>

真円度公差の指示方法は、従来の方法から変わってきている。従来は、**解答図 1-1**に示すように、規制形体の外形に指示線を当てるだけの指示だった。これは、軸線に対して直角方向の公差域を意味している。現在の JIS には、この指示方法しか示されていない。

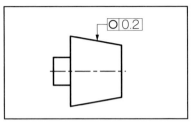

〔解答図 1-1〕

ISO 1101：2017 によって、真円度公差の指示は、要求をより明確に図示する方法が規格化された。公差域の方向を、規制形体の軸線に対して直角に求める場合、**解答図1-2** の図示を行うことになる。公差域は、**解答図 1-3** に示すように、"半径差 0.2 とする同心二円の間" となる。

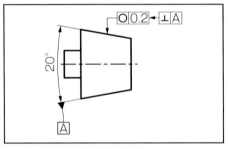

〔解答図 1-2〕

〔解答図 1-3〕

<問 2 の解答>

真円度公差の公差域の方向を、"規制形体に対して法線方向" とする場合は、**解答図 2-1** のようになる。公差域は、**解答図 2-2** に示すように、"規制形体の表面に垂直な円すい面上の半径差 0.2 とする二円の間" となる。

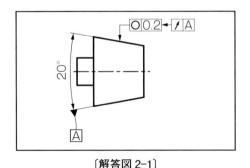

〔解答図 2-1〕

〔解答図 2-2〕

《問題 NO.》	037	《関連規格》	ISO 5459、JIS B 0022
《テーマ》		データム設定により拘束される自由度	
《キーワード》		データム、6自由度、自由度の拘束	

【演習問題】

図1の部品で、第1次データム A、第2次データム B の指定によって、この部品における、拘束される自由度と、残された自由度が何か示せ。

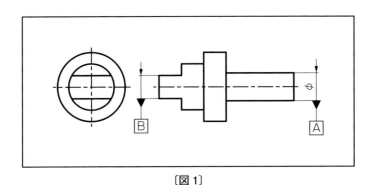

〔図1〕

【補足】

部品（加工物）は、6自由度をもつ。それは、直角座標系における X 軸、Y 軸、Z 軸に沿った移動の自由度が3つ、X 軸、Y 軸、Z 軸まわりの回転の自由度が3つの、計6つのこと。

部品に対して「データムを設定する」ということは、部品の有する6自由度を拘束することを意味する。なお、この直角座標系は右手直角座標系である。

移動の自由度
x：X軸方向
y：Y軸方向
z：Z軸方向

回転の自由度
u：X軸回り
v：Y軸回り
w：Z軸回り

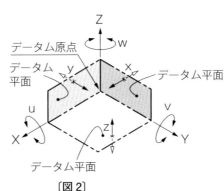

〔図2〕

<解答>

第1次データムAは、データム軸直線Aであり、データム直線である。第2次データムBは平行二平面の寸法線の延長上に設置されているので、データム中心平面Bであり、データム平面となる。

この指示で構成されるデータム系は、1本の直線とそれを通る直交する二平面である。

これに、仮に、右手系の直角座標系XYZを当てはめると、解答図2のようになる。ここからわかるように、6自由度のうち、拘束されずに残っている自由度は、Z軸に沿った移動の自由度1つである。

この1つの自由度を拘束することによって、6自由度全てが拘束され、データム系が完全に確立する。

【補足】

この部品で、6自由度をすべて拘束する指示方法例としては、補足図1のように、部品中央の側面をデータム平面Cに設定することによって達成される。

この指示で構成されるデータム系は、補足図2に示すようになる。

第1次データム平面は、データム軸直線Aを通り、データム中心平面Bに直角な平面となる。

第2次データム平面は、データム軸直線Aを通り、データム中心平面Bと平行な平面であり、第1次データム平面とは直交している。

最後の第3次データム平面は、データム平面Cを含み、第1次、第2次の各データム平面に直交する平面となる。

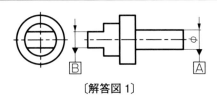

〔解答図1〕

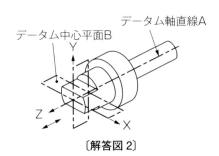

データム軸直線A
データム中心平面B

〔解答図2〕

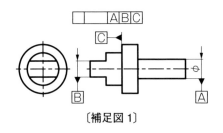

〔補足図1〕

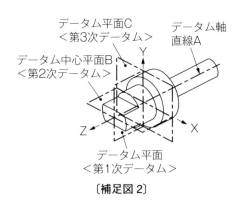

データム平面C
<第3次データム>
データム軸直線A
データム中心平面B
<第2次データム>
データム平面
<第1次データム>

〔補足図2〕

《問題 NO.》	038	《関連規格》	ISO 5459、JIS B 0022
《テーマ》			データム指示により設定されるデータム系と拘束される自由度
《キーワード》			データム、データム系、自由度の拘束

【演習問題】

図1と図2は同じ部品である。それぞれのデータム指示によって、構成されるデータム系とはどのようなものか示せ。

<問1> 第1次データム A：平面

第2次データム B：1つの φ10 の円筒穴の軸直線

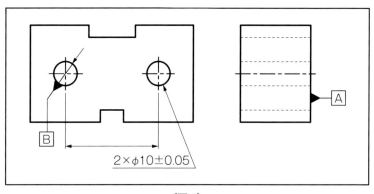

2×φ10±0.05

〔図1〕

<問2> 第1次データム A：平面

第2次データム B：2つの φ10 の円筒の共通軸直線

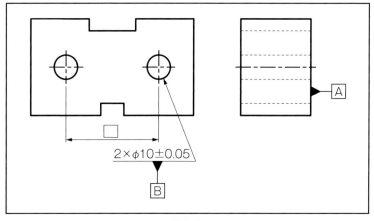

2×φ10±0.05

〔図2〕

| 問題 NO. | 038 | 《キーワード》 | データム平面、データム軸直線、6自由度、データム系 |

＜問1の解答＞

この2つのデータム指示によって構成されるデータム系は、**解答図1**に示すようになる。

1つのデータム平面と、それに垂直なデータム直線が構成される。

このままでは、この部品の6自由度のすべては拘束されておらず、さらなるデータム指示によって、残っている自由度を拘束しなければならない。

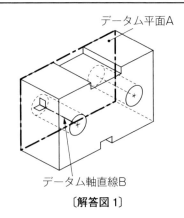

〔**解答図1**〕

＜問2の解答＞

この場合は、2つのデータム指示によって構成されるデータム系は、**解答図2**に示すものとなる。データムとしては、第2次データムまでの指示であるが、直交する3つのデータム平面が確立されていて、部品の6自由度をすべて拘束するデータム系が完成している。

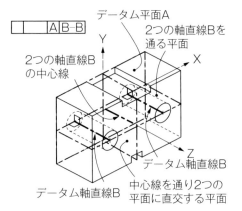

〔**解答図2**〕

【補足】

ここに見るように、部品の6自由度をすべて拘束するために、必ずしも第3次データムまでを指示しなければならないというものではない。

データムを指定する際には、常に、部品の6自由度について、いずれが拘束されるか、拘束していない自由度は何か、を意識しなければならない。

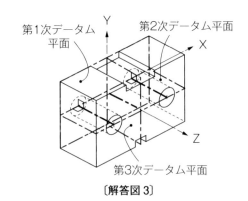

〔**解答図3**〕

《問題 NO.》	039	《関連規格》	ISO 5459、JIS B 0022
《テーマ》		データム指示により設定されるデータム系と拘束される自由度	
《キーワード》		データム、データム系、6自由度	

【演習問題】

　図1の部品で、データムAとデータムBを共通データムA-Bとして設定した場合、このデータム系における、拘束される自由度と残された自由度がどうなるのかを示せ。

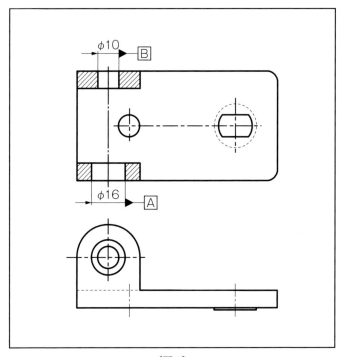

〔図1〕

<解答>

解答図1に見るように、データム軸直線Aとデータム軸直線Bが指示されることにより、共通データム軸直線A−Bが設定される。このデータム直線の設定によって、この部品の6自由度は、解答図2のようになる。

つまり、X軸に沿った並進とその軸まわりの回転の2自由度、Y軸に沿った並進とその軸回りの回転の2自由度の計4つの自由度が拘束される。

残る自由度は、Z軸に沿った並進の自由度とその軸回りの回転の自由度の2つである。

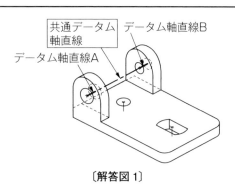

〔解答図1〕

【補足】

この部品が有する6自由度のすべてを拘束する図示例の1つとして示したのが、補足図1である。

この指示によって設定されるデータム系、それに対応する直角座標系は、補足図2のようになる。

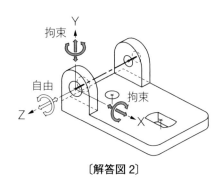

〔解答図2〕

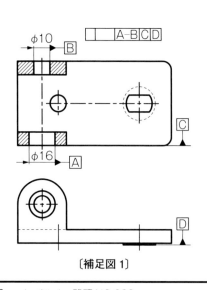

〔補足図1〕

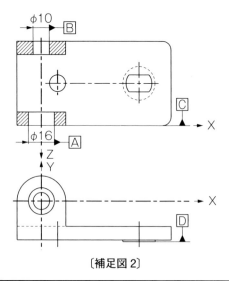

〔補足図2〕

《問題 NO.》	040	《関連規格》	ISO 1101、2692、JIS B 0420-1
《テーマ》		ゼロ幾何公差方式を適用した真直度公差と同等の指示方法	
《キーワード》		真直度、Ⓜ、Ⓔ、サイズ公差	

【演習問題】

図1のように図示された円筒穴を有する部品がある。

この円筒穴とはまり合う相手部品である軸部品の図示として、図2に示す4つの図示のうちで、どれが適切なものか答えよ（複数可）。

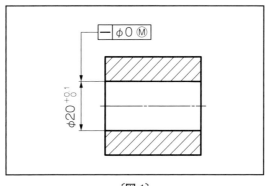

〔図1〕

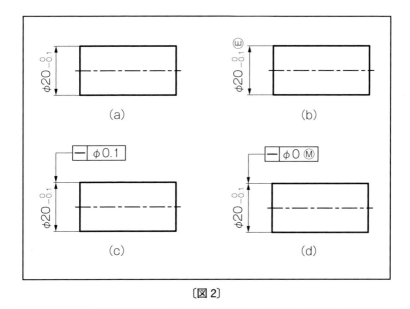

〔図2〕

<解答>

　問題文の図1の重要な要求事項は、**解答図1**に示すように、この部品の穴は直径20の完全形状の包絡円筒の境界面を越えて内側に入り込まないことである。つまり、どんなことがあっても直径20の完全形状の円筒面を侵害しないということである。

　これを満たしているのは、図示(b)と(d)であり、その状態を**解答図2**と**解答図3**に示す。

　この状態にあれば、はまり合う相手の軸部品とすれば、どんなことがあっても直径20の完全形状の円筒面を越えて外側にはみ出さないということなり、はめ合いは問題なく達成される。

【補足】

　図示例の(a)と(c)による形状は、**解答図4**と**解答図5**のようになる。(a)の場合は、各部の直径のサイズ寸法が19.9~20までの間にあればよく、軸線の曲り（つまり真直度などの形状公差）については一切何も要求していない。また、図示(c)は、各部の直径のサイズ寸法は(a)と同じ要求で、それに加えて、真直度指示で軸線の曲りを直径0.1の円筒内になることが要求されている。図からわかるように、外径が20を超えることがあるので、相手穴部品とのはめ合いは保証されない。

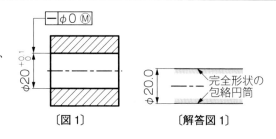

〔図1〕　　　　〔解答図1〕

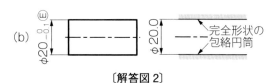

(b)

〔解答図2〕

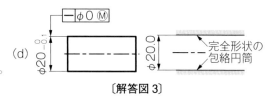

(d)

〔解答図3〕

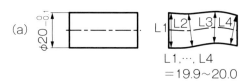

(a)

L1,…, L4
＝19.9~20.0

〔解答図4〕

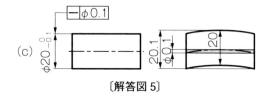

(c)

〔解答図5〕

STEP

レベル 2

数多くの設計要求を念頭に、必ずやクリヤーしなければならない例題を、この SETP "レベル 2" に集めた。

それぞれの図示のポイントは何かを考えながら、だいじな中盤の 40 問に取り組んでもらいたい。きっと、多くの収穫があるはずだ。

ぜひ、次に繋がる大きな跳躍にしてほしい。

幾何公差・サイズ公差・はめあい 関連図

（はめあい設計において全体をどうとらえるべきか）

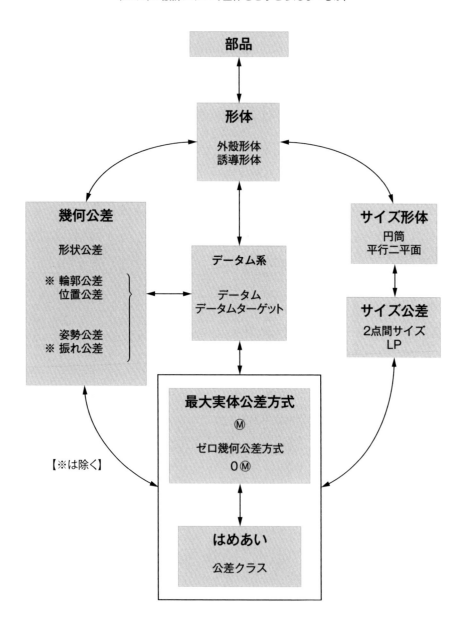

《問題 NO.》	041	《関連規格》	ISO 1101、5459、JIS B 0021、0025
《テーマ》			製作された部品の円筒穴の測定データからの公差値の判定
《キーワード》			位置度、直角度、測定データ、公差値

【演習問題】

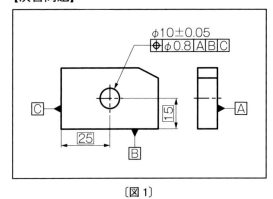

〔図1〕

図1に示す図示にもとづいて製作した部品を測定したところ、円筒穴の中心として、手前の点 P1 が
X1 = 24.9 mm、Y1 = 14.9 mm
奥側の点 P2 が
X2 = 25.3 mm、Y2 = 15.4 mm
というデータが得られた（図2参照）。

次の問いに答えよ。

〔測定結果〕

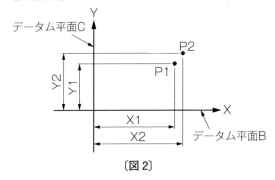

〔図2〕

<問1>
　この部品の軸線の位置度公差はいくらか。

<問2>
　この部品の軸線のデータム平面 A に対する直角度公差はいくらか。

【補足】

《直径 10 mm の円筒穴の幾何公差指示について》

　公差記入枠で指示している幾何公差は、軸線に対する位置度公差指示であるが、ここには、位置公差の他に、姿勢公差であるデータム平面 A に対する直角度公差、データム平面 B およびデータム平面 C に対する平行度公差、さらには、形状公差である軸線自体の真直度公差の指示が含まれている。

　そこには、公差値の大きさに関して　形状公差≦姿勢公差≦位置公差　の関係が存在する。

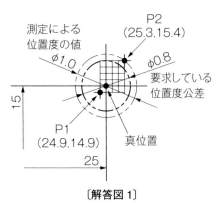

〔解答図 1〕

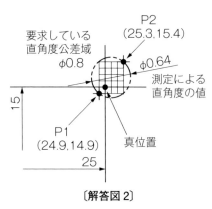

〔解答図 2〕

<問 1 の解答>

　この場合、位置度指示の公差値の前に記号 "ϕ" があるので、公差域は円筒内となる。つまり、"真位置" を中心にいくらの直径の円筒になるかである。

　真位置 (25, 15) に対して最も遠い距離にあるのは、P2 (25.3, 15.4) なので、この値が位置度の判断の対象となる。

　つまり、公差域の直径 d1 は、次のようになる。

$$d1/2 = \sqrt{(25.3-25)^2 + (15.4-15)^2}$$
$$= \sqrt{0.25} = 0.5$$
$$d1 = 1.0$$

　要求する位置度公差が $\phi0.8$ なので、この結果では、部品は不合格となる。

<問 2 の解答>

　この場合の直角度は、P1 と P2 の 2 つの点によってつくられる円筒が幾つになるかである。この円筒の直径 d2 は次のようになる。

$$d2 = \sqrt{(25.3-24.9)^2 + (15.4-14.9)^2}$$
$$= \sqrt{0.41} = 0.64$$

　ここでは、直角度は明示されていないが、位置度 $\phi0.8$ が指示されているので、直角度 $\phi0.8$ が要求されているとみなされる。

　したがって、この結果、データム平面 A に対する直角度 $\phi0.64$ については、要求を満たしていることになる。

【補足】

位置度（位置公差）だけが図示されていることについて：

　形状公差、姿勢公差、位置公差の相互の公差値の間には、次の関係式が成り立つ。

形状公差 ≦ 姿勢公差 ≦ 位置公差

　位置公差の位置度公差だけが図示されている場合は、

形状公差 ＝ 姿勢公差 ＝ 位置公差　となる。

　つまり、この問題のように、位置度 $\phi0.8$ が指示されていると、直角度 $\phi0.8$（姿勢公差）、真直度 $\phi0.8$（形状公差）が要求されていると解釈される。

《問題 NO.》	042	《関連規格》	ISO 1101、2692、JIS B 0420-1
《テーマ》		ⓂとⒺが指示された図示における検証ゲージについて	
《キーワード》		直角度、Ⓜ、Ⓔ、サイズ公差、機能ゲージ、限界ゲージ	

【演習問題】

<問1>

図1の図示によって製作された穴部品がある。

この部品の合否を検証するゲージの設計寸法を示せ。

<問2>

図2の図示によって製作された穴部品がある。

この部品の合否を検証するゲージの設計寸法を示せ。

<問3>

図1と図2の図示は、どのような設計要求の違いによって、使い分けることになるのか、答えよ。

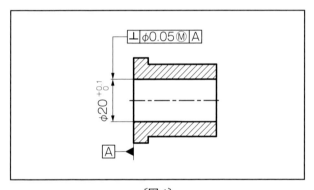

〔図1〕

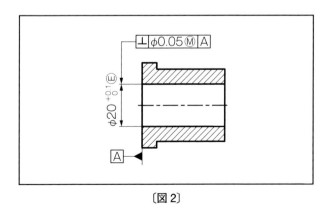

〔図2〕

<問1の解答>

図1の表す意味は、**解答図1**に示す"動的公差線図"を参考にすると理解しやすい。横軸に円筒のサイズを、縦軸に直角度公差を表している。

この図示では、直角度に記号Ⓜが指示され、最大実体公差方式が適用されている。この意味は、サイズの状態によって直角度の公差値が変動するということである。

〔解答図1〕

サイズが最大実体状態、つまり最大実体サイズ（MMS）の20.0 mmになったときは、直角度公差 φ0.05 が許容される。つまり、最小となる円筒穴の直径は、MMSの20.0に直角度の0.05を差し引いた値の19.95 mmとなる。この円筒面がこの穴部品にとって許される限界になる。

これが「完全形状の包絡円筒の直径」の限界である。これを最大実体実効状態（MMVC）といい、そのサイズが最大実体実効サイズ（MMVS）である。このサイズが、図1の部品の合否を検証するゲージの設計寸法となり、それは**解答図2**のようになる。

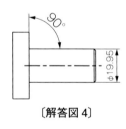

〔解答図2〕

〔解答図3〕

<問2の解答>

図2の指示が図1の指示と違うところは、サイズ公差に記号Ⓔが付いているところだけである。

これが付くことにより検証ゲージは、2つ必要になる。

記号Ⓔが付いている意味は、解答図1のMMSのとき、"その直径の完全形状の円筒面を越えない"ということである。つまり、**解説図3**のゲージに挿入できればよいということになる。

〔解答図4〕

それに加えて、この指示にも記号Ⓜが付いているので、**解答図4**の検証ゲージにも挿入できればよい、ということになり、この2つのゲージで検証することを要求している。

<問3の解答>

図1の穴部品とはまり合う相手部品の最悪状態が、仮に解答図2のようなものであって、それとはまり合えばよいという場合には、図1の指示を満足する部品でよい。

しかし、それだけではなく、解答図3のような軸部品とも、はまり合わなければならないとするならば、図2のような指示をすることになる。（そのようなケースがどれだけあるかは、別としてではあるが。）

《問題 NO.》	043	《関連規格》	ISO 1101、5459、5458
《テーマ》			規制形体が複数の場合の位置公差と姿勢公差の新しい指示方法
《キーワード》			位置度、平行度、データム、複数形体の規制

【演習問題】

図1の図示で要求する設計意図は、

「部品の底面をデータム平面Aとして、部品左右にある2つの円筒穴の軸線を、データム平面Aから、ある距離（理論的に正確な寸法；TED）を真位置とする、位置度公差で規制したい。かつ、その2つの軸線の共通の軸線を、データム平面Aに対する平行度公差で規制したい」

である。

この設計意図に対して、図1の図示は、公差記入枠からの指示線が、中心線に直接に当てられている。これは、現在では許されていない指示である。

それらを含めて、正しい指示方法を示せ。

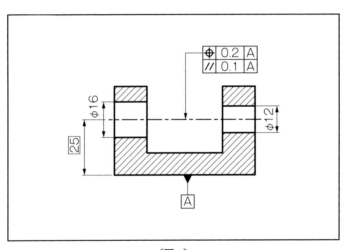

〔図1〕

問題 NO.	043	《キーワード》	位置度、平行度、CZ、SZ

＜解答＞

この場合の正しい図示は、**解答図 1**のようになる。

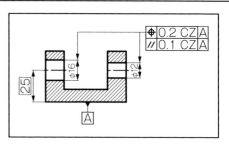

〔解答図 1〕

まず、位置度公差も平行度公差も、いずれも公差値の後に記号 CZ を追加する。なお、ここでの記号 CZ は、Combined zone（組合せ公差域）を表す。

このときの $\phi16$ と $\phi12$ のそれぞれの軸線の公差域の状態は、**解答図 2** となる。

データム平面 A から距離 25 の位置を真位置として、それぞれデータム平面に平行な、位置度公差の公差域は間隔 0.2、平行度公差の公差域は間隔 0.1 の平行二平面間となる。

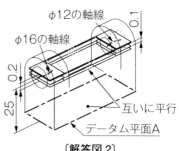

〔解答図 2〕

仮に、**解答図 3** に示すように、$\phi16$ と $\phi12$ が、独立にデータム平面 A から距離 25 の真位置で、位置度公差、平行度公差の公差域をそれぞれ単独に満たせばよいという場合には、**解答図 4** に示す図示となる。

ここでの記号 SZ は、Separate zones（単独公差域）を意味する。

【補足】

従来、用いられてきた右下に示す**補足図**のような図示は曖昧さがあるので、今後はできるだけ使用を避けることを勧める。

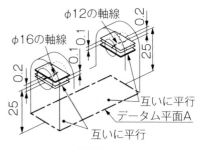

〔解答図 3〕

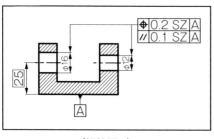

〔解答図 4〕

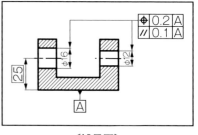

〔補足図〕

《問題 NO.》	044	《関連規格》	ISO 1101、5459、JIS B 0021
《テーマ》		一方向に公差域がある場合の位置度公差の指示方法	
《キーワード》		位置度、公差域、データム系	

【演習問題】

　図1の図示は、

「穴の軸線の位置を、位置度公差を用いて、図で垂直方向の一方向の公差域に、つまり、間隔0.1の平行二平面の間に規制したい」

というものである。

　その場合、破線の枠内に入る位置度公差指示として、下に示す指示例の(a)〜(d)のいずれが適切か、答えよ。

　なお、複数であってもよい。

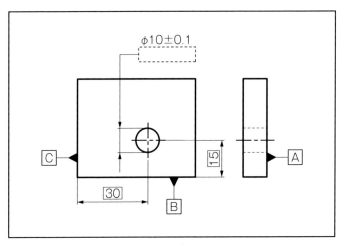

〔図1〕

〔指示例〕

(a) ⊕ | 0.1

(b) ⊕ | 0.1 | A

(c) ⊕ | 0.1 | A | B

(d) ⊕ | 0.1 | A | B | C

<解答>

(c) ⊕ | 0.1 | A | B

答えは(c)である。

その図示は、**解答図1**となる。これは、データム平面Aに対する姿勢公差はもちろんであるが、データム平面Bから距離15の位置を"真位置"として、データム平面Bに平行な間隔0.1の平行二平面間が公差域となり、この範囲に対象の軸線が収まることが要求される。その公差域の状態は、**解答図2**に示すようになる。

この位置度公差の中には、位置公差はもちろん、データム平面Bに対する平行度、データム平面Aに対する直角度、それに軸線自体の形状公差（真直度）なども含んでいる。なお、図示にはデータム平面Cの指示があるが、この場合の要求事項に対しては不要である。

【補足】

図示(b) ⊕ | 0.1 | A について補足する（補足図1参照）。この指示は、直角度の指示と同じである。つまり、対象の軸線を、データム平面Aに対して、直角な間隔が0.1 mmの平行二平面の間に規制したい、というものである。

その公差域の状態は**補足図2**のようになる。図は1例として、水平に描いているが、実は公差域の方向は決まっておらず、方向は360°自由である。下の面に対して公差域の方向が平行であるとは限らないのである。

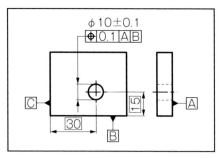

〔解答図1〕

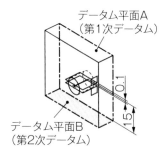

〔解答図2〕

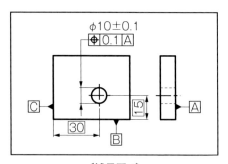

〔補足図1〕

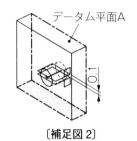

〔補足図2〕

《問題 NO.》	045	《関連規格》	ISO 1101、5459、JIS B 0021、0025
《テーマ》		二方向に公差域がある場合の位置度公差の指示方法
《キーワード》		位置度、公差域、データム系

【演習問題】

　図1の部品は、「位置度公差を用いて、図で水平方向と垂直方向の二方向の公差域内に、穴の軸線の位置を規制したい」というものである。

　その場合の適切な指示はいずれか答えよ。ただし、この部品のデータムの優先順位は、第1優先がデータムA、次がデータムB、最後をデータムCとする。

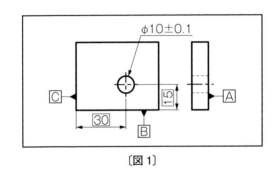

〔図1〕

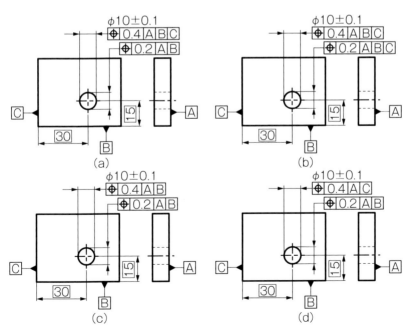

<解答>

　正解は(a)である。まず、この部品に設定されるデータム系（三平面データム系）は、**解答図1**に示すようになる。この直交する三平面に対して部品を固定して、指示した幾何公差を検証する。この場合、データムの優先順位は、高い方からA⇒B⇒Cとなっているので、データム系に対する部品の固定の手順は、**解答図2**のようになる。

　（ⅰ）のステップ1では、データム平面Aに対する姿勢公差（直角度など）が検証できる。

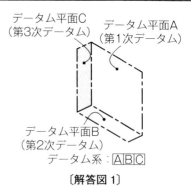

〔解答図1〕

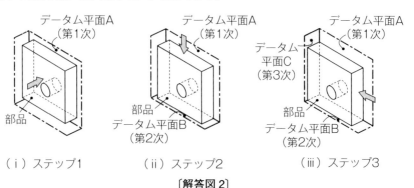

（ⅰ）ステップ1　　　　　（ⅱ）ステップ2　　　　　（ⅲ）ステップ3

〔解答図2〕

　次の（ⅱ）のステップ2では、データム平面Bからの位置公差が検証できる。このときの状態での公差域は、**解答図3**に示すものとなる。最後の（ⅲ）のステップ3を終えることで、この部品は、この三平面データム系において、6自由度のすべてが拘束されたことになる。この状態で検証できるのは、**解答図4**に示すものである。

　ちなみに、解答例(d)における水平方向の検証は、**解答図5**のようになる。

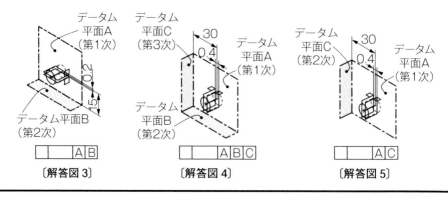

〔解答図3〕　　　　　　〔解答図4〕　　　　　　〔解答図5〕

《問題 NO.》	046	《関連規格》	ISO 1101、JIS B 0021
《テーマ》		表面に対する真直度公差と平面度公差の指示方法	
《キーワード》		真直度、平面度、公差域	

【演習問題】

同じ形状の部品の上部の表面に対して、

「**図1**は真直度公差で指示したもの」

「**図2**は平面度公差で指示したもの」

である。

これについて、次の解釈は、正しいか否かを、その理由を含めて、答えよ。

① 図1と図2による公差域は、同じであり、まったく同じ意味となる

② 図1と図2による公差域は、まったく異なる

③ 図2による公差域は、図1による公差域を含んでいる

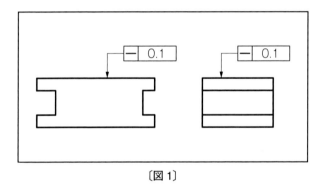

〔図1〕

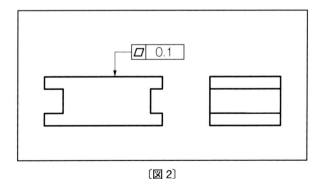

〔図2〕

<解答>

問題の図1は、部品上部表面の、長手方向と短手方向のそれぞれの線要素に対する真直度公差指示であり、その公差域の状態は、**解答図1**に示すもので、それぞれ公差域は"間隔0.1 mmの平行二直線間"である。

問題の図2は、部品上部表面全体の平面形体に対する平面度公差指示であり、その公差域の状態は、**解答図2**のようになる。

両方の図からわかるように、平面度0.1の場合は、公差域は"間隔0.1 mmの平行二平面間"であるが、二方向への真直度0.1の場合は、面全体としては"間隔0.1 mmの平行二平面"を越える場合があることがわかる。

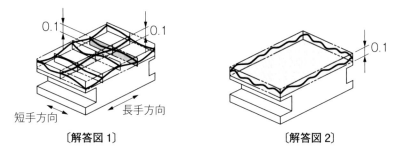

〔解答図1〕　　　　　　　　　〔解答図2〕

この場合、平面度0.1が指示されていると、長手方向と短手方向の真直度は、必ず、それ以下に収まってしまう。つまり、問題の図1のように、長手方向と短手方向のそれぞれに真直度0.1を指示しているからといって、上の表面への平面度0.1を満たすものでないことがわかる。したがって、この問題の解答は、③の「図2による公差域は、図1による公差域を含んでいる」となる。別な言い方をすると、「図2の指示があれば、図1の指示での公差値は、必ず0.1以下になる」である。

【補足】

この部品で1つの図面において、真直度指示が、長手方向の1つの指示だけでは、その公差域は**補足図1**、短手方向の1つの指示だけでは、公差域は**補足図2**となる。

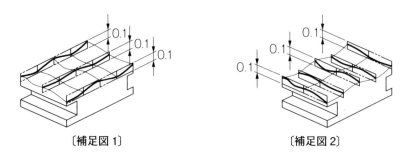

〔補足図1〕　　　　　　　　　〔補足図2〕

《問題 NO.》	047	《関連規格》	ISO 1101、JIS B 0021、0022
《テーマ》		回転部品に対する位置度、同軸度、直角度の指示方法	
《キーワード》		位置度、同軸度、直角度、データム	

【演習問題】

　図1に示す形状の部品に対して、次の要求事項を盛り込んだ図示を示せ。

(1)　φ14の円筒穴の軸線をデータムAとし、それに対してB面を直角度0.1とし、これをデータム平面Bとする

(2)　φ20の円筒穴の軸線について、φ14の円筒穴の軸線に対して同軸度φ0.05とする

(3)　C面について、B面に対して位置度0.2とする

(4)　右側のφ20の円筒穴の深さを、B面に対して位置度0.4とする

(5)　φ24の円筒軸の軸線について、φ14の軸線に対して同軸度φ0.1とする

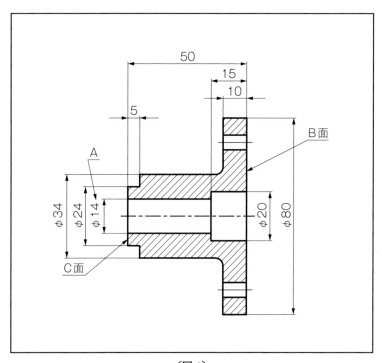

〔図1〕

＜解答＞

問題の要求事項をすべて盛り込んだ図示は、**解答図1**のようになる。

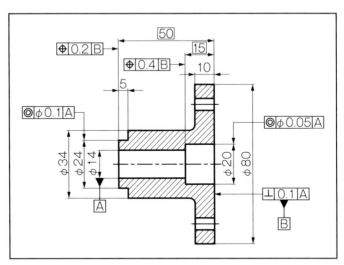

〔解答図1〕

【補足】

この部品の場合、φ14 と φ20 の円筒穴、φ24 の円筒軸について、サイズ公差や幾何公差などを加えた図示は、次の**補足図1**のようになる。

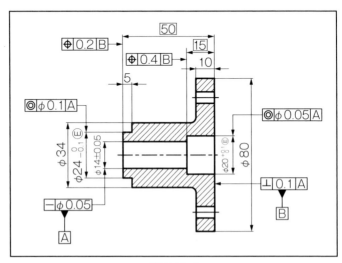

〔補足図1〕

《問題 NO.》	048	《関連規格》	ISO 1101、JIS B 0021、0025
《テーマ》		水平・垂直二方向の公差域を要求する位置度の指示方法	
《キーワード》		位置度、データム、公差域	

【演習問題】

図1に示すように、部品内部に6個の直径16 mmの貫通円筒穴をもつ部品がある。その6つの円筒穴について、位置度公差の指示があるが、その指示には不適切なところがある。

なお、部品の加工、測定のための部品支持方法として、正面図における底面を第1の基準面に、次に左側面を第2の基準面とするものとする。

その場合の6つの円筒穴に対する位置度公差の正しい指示方法を示せ。

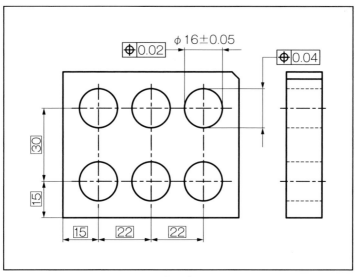

〔図1〕

【補足】

図1は、位置度公差の公差域を、水平方向と垂直方向に、別個の公差値を指定する方法を表している。ここには、円筒穴が、垂直方向に比べて、水平方向の精度がより必要である、との設計意図が読み取れる。

<解答>

正しい指示方法は、**解答図1**のようになる。

水平方向の位置度0.02の参照するデータムは、第1次データムA、第2次データムBである。

垂直方向の位置度0.04の参照するデータムは、データムAのみとなる。

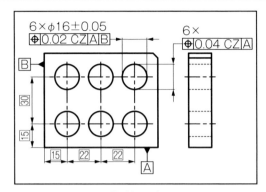

〔解答図1〕

【補足1】

公差記入枠の指示線を1つだけにして、水平・垂直二方向の位置度公差の指示には、ISOの新しい方法がある。それは**解答図2**に示すように、付加記号（姿勢平面指示記号）を用いる方法である。

名称：Orientation plane indicator（姿勢平面指示記号）

意味：公差域の方向がデータムAに対して平行な方向にあることを表す

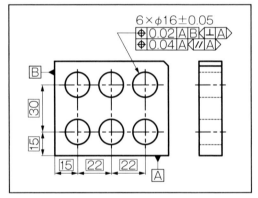

〔解答図2〕

【補足2】

ここでの図示は、6つのφ16の円筒穴、つまり複数の形体に対する規制である。ISOの新しい規定では、指示したTEDの真位置に、きちんと位置拘束、姿勢拘束を要求する場合は、公差値の後に、記号 "CZ" を付加することになった。これは、従来の"共通公差域"の意味ではなく、（組合せ公差域）を意味するものである。曖昧さを避けたい場合は、この**解答図3**の図示を用いるのがよい。

CZ：Combined zone

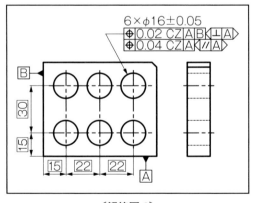

〔解答図3〕

《問題 NO.》	049	《関連規格》	ISO 1101、JIS B 0022
《テーマ》		離れて複数ある表面をデータム平面に設定する方法	
《キーワード》		位置度、複数のデータム形体、データム	

【演習問題】

　図1は、部品内の4か所の平坦な表面を第1次データム平面Aに指定して、他の2つの表面を第2次データム平面B、第3次データム平面Cとし、部品中央部の直径12 mmの円筒穴を位置度公差で規制する図示である。

　この図示には、不備がある。

　どのように直せば、正しい指示になるかを示せ。

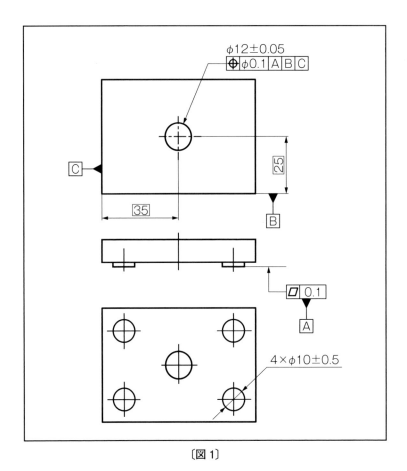

〔図1〕

| 問題 NO. | 049 | 《キーワード》 | 位置度、平面度、データム、複数形体の規制、CZ |

<**解答**>

正しい図示は、**解答図1**のようになる。まず、第1次データム平面Aの指示であるが、この場合、データム形体は離れた4箇所の表面である。その4箇所ともに、同一平面とみなして平面度0.1であってほしいと解釈できる。その場合には、"組合せ公差域"を表す記号"CZ"を公差値0.1の後に指示する必要がある。さらに、問題の図1の投影図では、1カ所に公差記入枠の指示線が当てられているが、対象は4か所なので、4か所の形体が表れている投影図に指示を移し、公差記入枠の上部に"4×"を指示する。

このデータムAは4つの複数形体からなるので、これを参照する場合は、共通データム平面A-Aと扱わなければならない。

次に、データムAに設定している円筒形体であるが、その中心の位置の指示をする必要がある。この位置自体の精度は、それほど必要ないとして、位置度φ0.2としている。こちらも、1つの幾何公差指示で、複数の形体に対する規制を行っているので、"組合せ公差域"を表す記号"CZ"が必要である。

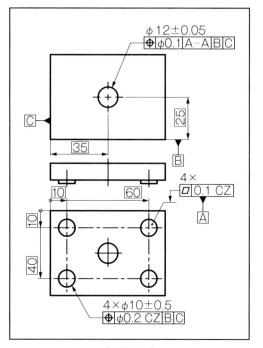

〔**解答図1**〕

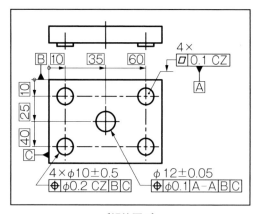

〔**解答図2**〕

【補足】

　問題の図示のように、3つの投影図によって表すならば、上の解答図1のようになるが、必要最小限の投影図によって、この部品を表現するならば、**解答図2**のようになる。

　より少ない投影図によって指示するのが、製図の基本とされている。

《問題 NO.》	050	《関連規格》	ISO 1101、1660
《テーマ》		複数形体を規制対象とする面の輪郭度の指示方法	
《キーワード》		面の輪郭度、データム、公差域、複数形体	

【演習問題】

図1は、平面と曲面を含む複数の表面形体に対しての面の輪郭度公差指示である。

この図示では、指示内容に明確さが欠けるということで、ISO規格では、新しい指示方法が規定されている。

その規定に従った図示方法が、どのようなものか示せ。

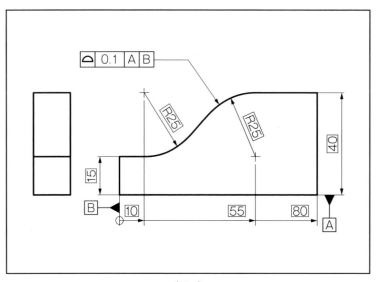

〔図1〕

【補足】

幾何公差指示は、個々の形体に対して、1つ（あるいは1組）の幾何公差（仕様）を指示することを基本としている。それからすると、図1の指示は規制すべき対象形体が5つ（平面3つ、曲面2つ）あるにもかかわらず、1つだけの公差記入枠の指示で済ませている。複数ある形体を、あたかも1つの形体とみなす指示方法とはどのようなものかを、ここでは求めている。

<解答>

　複数の形体を規制対象とする ISO の新しい指示方法は、**解答図1**に示すものである。

　まず、規制する対象の形体がどれかを、範囲指定記号を用いて指示する。ここでは、左端部を M 部として、右端部を N 部として指示し、その間にある複数形体のいずれかに、公差記入枠の指示線を当てる。範囲指定は、公差記入枠の上部に範囲指定記号 "↔" を使って指示する。

　さらに、この場合、複数形体をあたかも1つの形体のごとくみなして公差域を要求するので、公差記入枠の上部に、記号 "UF" を指示する。これは、United Feature（結合形体）の意味である。

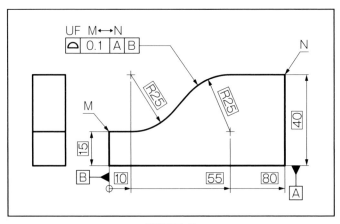

〔解答図 1〕

　この場合の公差域の状態は、**解答図2**のようになる。

　公差域は、直径 0.1 mm の球の中心が、TED で指示した真の輪郭面上を移動したときにできる上下2つの包絡面の内部の空間である。

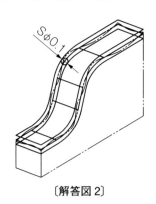

〔解答図 2〕

《問題 NO.》	051	《関連規格》	ISO 1101、5458、5459
《テーマ》		輪郭度を用いて固定と変動の 2 つの公差域を指定する方法	
《キーワード》		面の輪郭度、位置公差、姿勢公差	

【演習問題】

設計者の意図は、次の通りである。

① (図1、図2に示すように) M から N の指定範囲に相当する複数の表面を、指示したデータムに対して TED で指定した位置を真位置として、面の輪郭度 0.2 に規制する。

②その同じ表面を、データム平面 B に対して (平行という) 姿勢関係を保って、面の輪郭度 0.1 に規制する。

この 2 つを同時に満足させたい、というものである。

図1のままでは要求を満たす指示になっていない。要求を満たす指示方法を示せ。

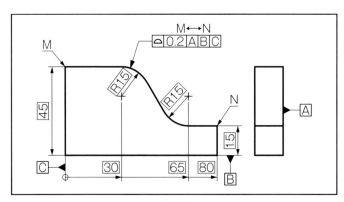

〔図 1〕

【補足】

ここでの規制対象の形体は、5 つの平面と曲面からなる複数の形体である。

それに対して、大きい公差値 0.2 の面の輪郭度の公差域を、右の図 2 に示すように、データム平面 B から TED で示す位置を基準に固定するものである。

さらに、その複数の表面全体を、データム平面 B に対して平行関係を保ちながら、小さな公差値 0.1 の面の輪郭度の公差域を、垂直上下に移動してもよいが満たすこと、というものである。

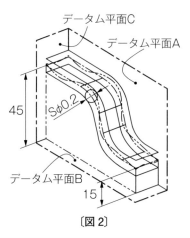

〔図 2〕

問題 NO.	051	《キーワード》	面の輪郭度、位置拘束、姿勢拘束限定、UF

<解答>

　要求に答える図示は、**解答図 1** となる。部品上部の位置 M から位置 N までの複数形体を一体のごとくみなし、公差値の大きい固定公差域と、それより小さい公差域を、上下に変動させながら、両方の公差域を同時に満足させたい、というものである。

　まず、規制対象が複数なので、公差記入枠の上に記号"UF"を指示する。

　相対的に大きな固定公差域の指示は、図 1 のままでよい。次の狭い公差域 0.1 の面の輪郭度の指示は、データム平面 B に対しては、位置拘束はせず、平行関係という姿勢拘束だけを作用させるということなので、参照するデータムのうちのデータム B の後に記号"＞＜"を追記する。

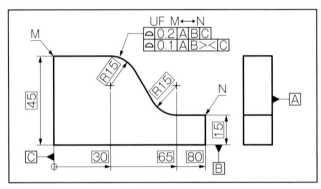

〔解答図 1〕

　この記号"＞＜"は、Orientation constraint only（姿勢拘束限定）というものである。これは、参照しているデータム（平面）とは、位置拘束（この場合でいえば、TED45 および TED15 に位置拘束）は作用させず、姿勢拘束（データム平面 B とは、互いに平行という姿勢関係）だけを作用させる、という意味である。

　この図示による、固定の大きな公差値の面の輪郭度の公差域の状態は図 2、上下に移動できる小さな公差値の面の輪郭度の公差域の状態は**解答図 2** のようになる。

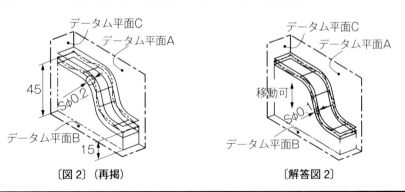

〔図 2〕（再掲）　　　　　　　　　　〔解答図 2〕

《問題 NO.》	052	《関連規格》	ISO 1101
《テーマ》		傾斜面に対する位置度と傾斜度の2つの指示方法	
《キーワード》		位置度、傾斜度、データム系、公差域	

【演習問題】

　同じ形状の部品に対して、**図1**と**図2**の図示は、ともに位置度公差と傾斜度公差が重ねて指示されている指示である。

「図1は、参照するデータムが、共にデータムAとデータムBまでとしているもの、図2は、位置度の指示は同じであるが、傾斜度だけは、データムAだけを参照しているもの」

である。

　図1の指示内容と図2の指示内容の違いについて、公差域を用いて説明せよ。

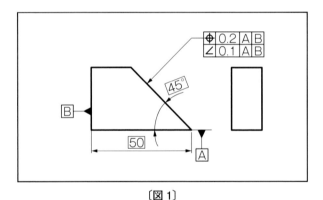

〔図1〕

〔図2〕

<解答>

　図1は、位置度も傾斜度も、参照するデータムは、データムAとデータムBである。その公差域は、データム平面Aに対して45°であるとともに、データム平面Bに対しても45°の姿勢関係にある。傾斜度の公差域は**解答図1**であるが、位置度の公差域はその範囲は広いものの、データム平面BからのTED50の位置を基点とするものである。

　傾斜度には、データム平面Bからの位置の拘束はなく、位置度の公差域の内部にあればよい。

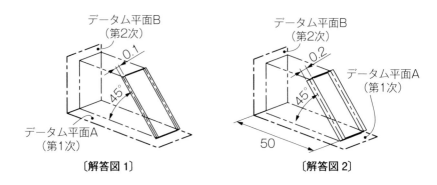

〔解答図1〕　　　　　〔解答図2〕

　図2は、図1と違って、傾斜度の参照するデータムはデータムAだけである。この場合の位置度の公差域は、**解答図2**である。しかし、傾斜度の公差域は**解答図3**のように、データム平面Aに対して45°であるが、データム平面Bに対しての関係は問われていない。解答図3は図の手前に開いた状態だが、奥に開いた姿勢関係もある。ただし、この場合も、傾斜度の公差域は、位置度の公差域内でなければならない。

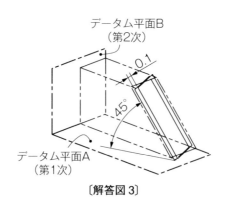

〔解答図3〕

《問題 NO.》	053	《関連規格》	ISO 1101、JIS B 0021
《テーマ》		傾斜した円筒穴に対する位置度と傾斜度の指示方法	
《キーワード》		位置度、傾斜度、理論的に正確な角度寸法	

【演習問題】

図1は、部品の内部に斜めに設けられた円筒穴に対して、位置度公差と傾斜度公差が指示された図である。

この指示方法では、規則に反した指示であり、また不十分な指示となっている。

適切な指示方法を示せ。

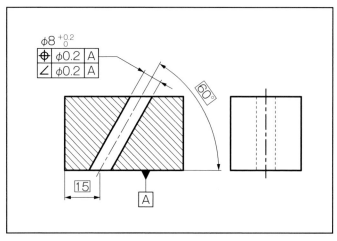

〔図1〕

【補足】

ここで指示している要求事項は、1つの形体（軸線＝誘導形体）に対して、位置公差（位置度公差）と姿勢公差（傾斜度公差）の2つを指定したものである。位置公差と姿勢公差との間にある関係について問いかけている。

<解答>

正しい指示方法は、**解答図1**である。

まず、位置公差（位置度）と姿勢公差（傾斜度）の公差域の関係であるが、定義の上から2つの公差域の間には、

位置公差≧姿勢公差…式(1)

の関係がある。姿勢公差が位置公差と同じ値の場合は、姿勢公差は指示する必要はない。

次に、この斜めの軸線の真にあってほしい姿勢と位置が指示されているか、である。

問題の図1では、部品の左側からTED寸法で軸線の基点が示されている。つまり、この基準となるデータム平面を設定する必要がある。

それらを反映したのが解答図1であり、その公差域の状態を示すと**解答図2**のようになる。

【補足】

解答図1において、もし仮に、傾斜度については、もっと厳しく規制したいという場合は、**補足図1**のようになる。

位置度と傾斜度をそれぞれ指示する意味があるのは、2つの公差域の間に

位置公差＞姿勢公差…式(2)

の関係が成り立つ場合である。補足図1の指示は、その要件を満たしている。

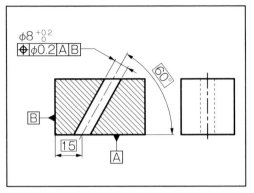

〔解答図1〕

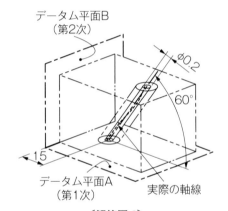

データム平面B（第2次）

データム平面A（第1次）

実際の軸線

〔解答図2〕

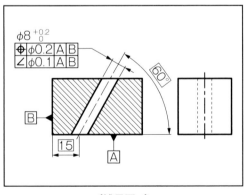

〔補足図1〕

《問題 NO.》	054	《関連規格》	ISO 1101、5459
《テーマ》		対称度指示における参照データムの正しい選び方	
《キーワード》		直角度、対称度、データム	

【演習問題】

図1の図示は、設計の意図として、

「部品の右側にある幅 6 mm の平行二平面（外殻形体）によってつくられる中心面（誘導形体）を、データム平面 A とデータム軸直線 B に関して、図の上下方向に間隔 0.1 の公差域の対称度公差で規制したい」

というものである。

この図示のままでは、問題がある。

適切な図示はどのようなものか示せ。

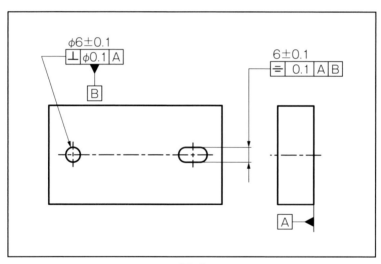

〔図1〕

【補足】

対称度公差における参照する第1次データムとは、規制形体とどのような関係にあるべきなのかを問う問題である。

<解答>

　図1の指示の中で、不適切なところは、対称度の指示である。

　対称度の場合、参照する第1次データムは、規制しようとする形体（誘導形体）と図示上で全く同じ位置にある形体でなければならない。規制する幅6±0.1の中心面と同じ位置にある形体は、φ6の軸線のデータム軸直線である。

　つまり、第1次データムとして参照するデータムは、データムBでなければならない。

　なお、この対称度は、参照するデータムは、データムB（データム軸直線B）だけである。

　データム形体Bに対する指示の中に、データム平面Aに対する姿勢公差が既に入っているのである。

　設計意図として、データムの優先順位を、上位A⇒下位Bの順位としたいという場合は、**解答図2**に示すように、用いる幾何公差を"位置度"公差にすればよい。

　対称度指示で、どちらのデータムを第1次にすべきか、悩むことがあったら、位置度公差にすることを勧める。

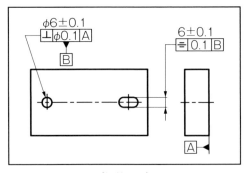

〔解答図1〕

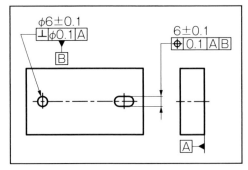

〔解答図2〕

《問題 NO.》	055	《関連規格》	ISO 1101、5459、JIS B 0022
《テーマ》		第2次、第3次データムに設定するデータム形体への指示方法	
《キーワード》		位置度、データム	

【演習問題】

　図1の図示は、設計の意図として、

「データム平面Aを第1次データムとして、部品内に2つある直径8の円筒穴のうちの左側を第2次データムBにし、右側を第3次データムCとして三平面データム系を構成して、直径12の円筒穴を位置度公差で規制する」

というものである。

　このままでは、指示方法として適切でない。

　何が不適切なのか検討し、適切な図示方法を示せ。

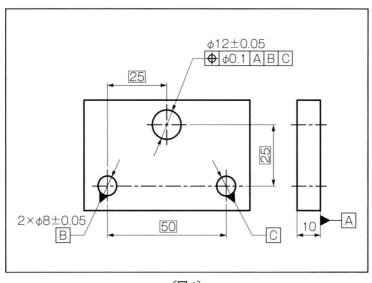

〔図1〕

＜解答＞

この問題の適切な図示は、**解答図1**のようになる。

この場合、データムの優先順位が、高い順に A ⇒ B ⇒ C となっている。したがって、下位のデータムは、上位のデータム対してどのように規制されているか明確にしなければならない。つまり、第2次データムの B は上位のデータム A との関係、第3次データム C は上位のデータム A とデータム B との関係を幾何公差で指示しなければならない。

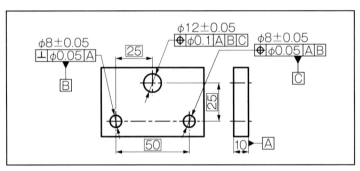

〔解答図1〕

解答図1の図示によって構成されるデータム系（三平面データム系）は、**解答図2**のようになる。

【補足】

解答図1では、第1次データム A に対する幾何公差指示がない。

それを含めた図示例としては、**解答図3**のようになる。

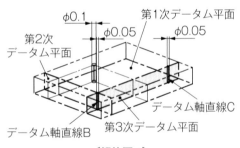

〔解答図2〕

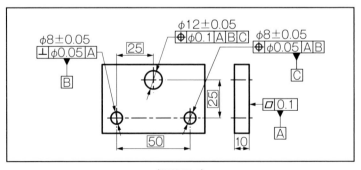

〔解答図3〕

《問題 NO.》	056	《関連規格》	ISO 1101、JIS B 0021
《テーマ》		公差域が直角二方向となる直角度の指示方法	
《キーワード》		直角度、公差域、直角二方向	

【演習問題】

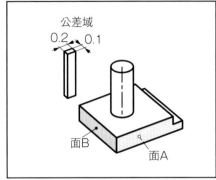

公差域
0.2 ← 0.1

〔図 1〕

図 1 の部品がある。部品底部の面 A をデータム平面 A に、面 B をデータム平面 B とし、直角度の公差域を図のように直角二方向に異なる公差値で指示したい。

それを表す図示として、下の(a)〜(c)の中で、どれが適切か。

複数選択可。

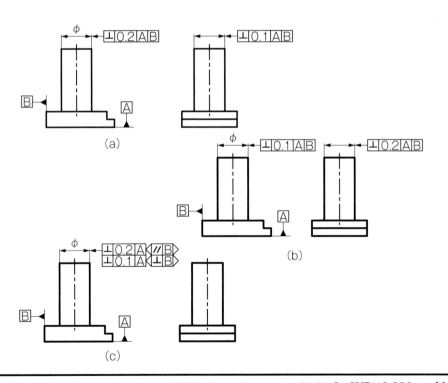

(a)

(b)

(c)

問題 NO.	056	《キーワード》	直角度、公差域、直角二方向、付加記号、姿勢平面指示記号

<解答>

図1の設計意図を適切に表現した図示は、右に示すように、(a)と(c)である。

(a)の図示の特徴は、幾何公差を指示する投影図を、公差域の方向に対応して、選んで指示しているところである。2D図での指示で有効な方法である。

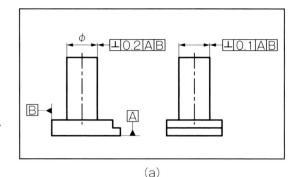

(a)

一方、(c)の指示の特徴は、どの投影図に幾何公差を指示するか意識せず指示することができるところである。

一見すると指示は複雑であるが、明確な指示になっているといえる。

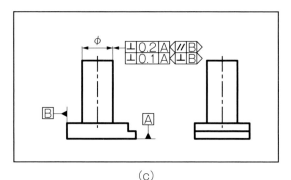

(c)

【補足1】

(c)の指示で用いられている付加記号(姿勢平面指示記号)について:

・上段の公差記入枠の意味:データムAに対する直角度で、その公差域の幅0.2はデータム平面Bに平行となる方向の間隔(距離)である。

・下段の公差記入枠の意味:データムAに対する直角度で、その公差域の幅0.1はデータム平面Bに直角となる方向の間隔(距離)である。

【補足2】

(c)の指示のように特別な付加記号を用いる方法は、3D図での指示を考慮した方法である。

右に示す**補足図1**を参照。

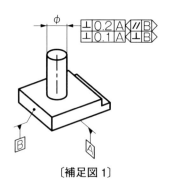

〔補足図1〕

《問題 NO.》	057	《関連規格》	ISO 1101、JIS B 0021
《テーマ》	傾斜度の基本的な指示方法		
《キーワード》	傾斜度、公差域、データム		

【演習問題】

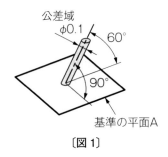

公差域
φ0.1
60°
90°
基準の平面A

〔図1〕

　この部品の設計の意図として、
「部品の内部にある円筒穴の中心線を、**図1**に示すように、部品底部の平面 A に対して角度 60° および角度 90° とする直径 0.1 の円筒内としたい」
というものである。

　その図示として**図2**がある。このままでは、不十分である。適切な図示方法を示せ。

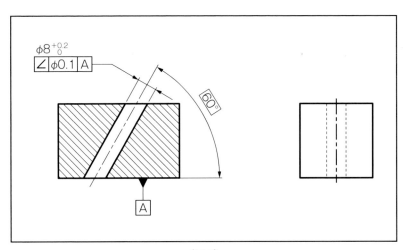

$\phi 8^{+0.2}_{0}$
∠ φ0.1 A

A

〔図2〕

問題 NO.	057	《キーワード》	傾斜度、理論的に正確な角度寸法、公差域、データム

<解答>

この場合の適切な図示は、**解答図1**のようになる。

データム平面Aに加えて、その面に直角な平面をデータム平面Bに設定する。そして、データム平面Bのデータム平面Aに対する直角度を指示する。また、それぞれの平面に対する理論的に正確な角度寸法（TED角度）を指示する。ただし、90°の場合は、"暗黙のTED"という扱いで、図示はしない。

その上で、傾斜度の幾何公差指示は、参照するデータムを、第1次データムAに加えて第2次データムBを追加する。

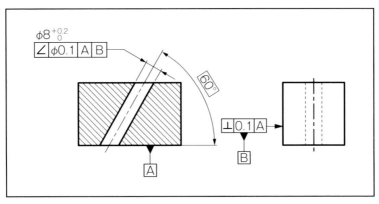

〔解答図1〕

この場合の公差域の状態を示すと、**解答図2**のようになる。

解答図1の指示において、公差記入枠の中での参照しているデータム平面Bは、公差域の方向が、規制形体とは平行の姿勢関係にあることを表している。

なお、この指示だけでは、対象の軸線の位置公差は規制されていない。別途、指示することになる。

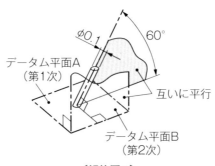

〔解答図2〕

《問題 NO.》	058	《関連規格》	ISO 1101、5459、JIS B 0021、0022
《テーマ》		部品内の円筒形体を正確に位置付ける図示方法	
《キーワード》		位置度、中心面、データム	

【演習問題】

　図1と図2に示す部品において、対向する平行二平面である面Aと面Bをそれぞれ基準（データム）にして、その両面の中央部に位置する円筒穴（φ10±0.1）の軸線（中心線）の偏差を0.1までに抑えたい。

　そのときの適切な図示方法がどうなるかを示せ。

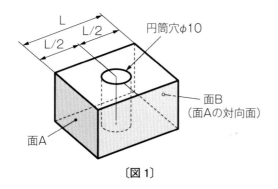

〔図1〕

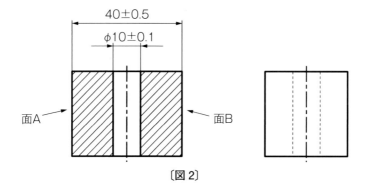

〔図2〕

<解答>

要求に対する図示方法には、少なくとも2通りある。

その1つが、**解答図1**である。

この場合の公差域の状態を示したのが、**解答図2**である。

その公差域は、"間隔0.1 mmの平行二平面間の空間"である。

したがって、規制対象の円筒穴の軸線は、(a)の場合もあるし、(b)の場合もある。つまり、この平行二平面間に収まっていればよい。

別の図示方法は、**解答図3**である。こちらの公差域は、"直径0.1 mmの円筒内の空間"である。

この公差域の状態を示したのが、**解答図4**である。

したがって、規制対象の円筒穴の軸線は、(a)の場合もあるし、(b)の場合もある。つまり、この円筒の内部に収まっていればよい。

【補足】

解答図1も解答図3においても、対象の軸線を、部品底面に対して直角であることは規制していない。それが必要な場合は、それ相応の図示が必要になる。

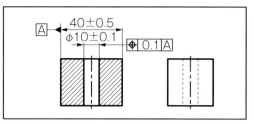

〔解答図1〕

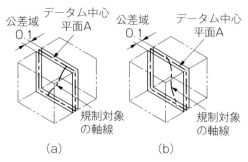

〔解答図2〕

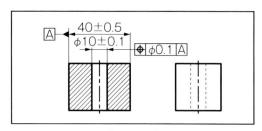

〔解答図3〕

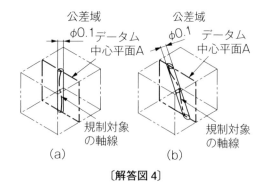

〔解答図4〕

《問題 NO.》	059	《関連規格》	ISO 1101
《テーマ》		段差のある表面をデータム平面に設定する位置度の指示方法	
《キーワード》		位置度、段差のあるデータム形体、データム	

【演習問題】

　図1の部品において、表面1とそれと段差のある表面2を基準（データム）として、部品上部の表面を位置度公差0.1の公差域内に規制したい。

　この場合のデータム平面の適切な指示方法を示し、その上で、上部表面に対する位置度指示がどうなるかを示せ。

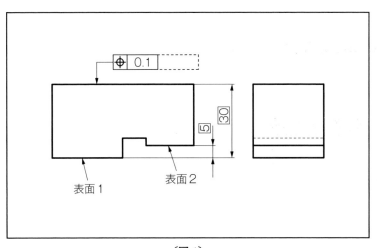

〔図1〕

| 問題 NO. | 059 | 《キーワード》 | 位置度、データム形体、データム、平面度、面の輪郭度 |

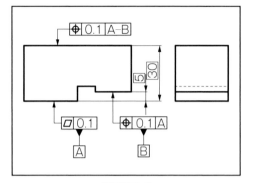

〔解答図1〕

＜解答＞

答えは、**解答図1**のようになる。

まず、データム形体のＡとＢであるが、この場合、段差（TED5）のある2つの表面をデータムにするというのが設計意図である。やや広い方の表面に形状公差（ここでは平面度）を指示し、もう一方の狭い表面にデータムＡを参照とする位置公差（ここでは位置度）を指示する。

データム平面Ａの公差域を**解答図2**の(a)に示す。データムＡを参照するデータム平面Ｂの公差域の状態は図(b)となる。この場合、データム平面Ａは外接平面である。

規制対象の部品上部の公差域は、部品下部の2つの平面を共通データム平面A–Bに設定することによって決まる。

この場合の共通データム平面A–Bは、図(c)に示すように、TED5の段差の平行二平面の"実用データム形体"であり、この位置からTED30を真位置として、間隔0.1の平行二平面間が規制したい表面の公差域となる。

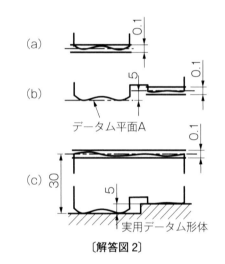

(a)

(b)

データム平面A

(c)

実用データム形体

〔解答図2〕

【補足】

このケースの場合、解答図1のデータム平面の設定と規制形体の規制の要求内容を満足する図示方法としては、**補足図1**に示すように、幾何公差をすべて"面の輪郭度"によって指示することもできる。

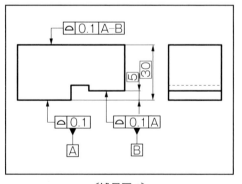

〔補足図1〕

《問題 NO.》	060	《関連規格》	ISO 1101、JIS B 0021、0621
《テーマ》		測定データからの位置度公差の推定	
《キーワード》		位置度、測定データ	

【演習問題】

図1に示す部品がある。部品底部をデータム平面Aとして、部品上部表面に位置度公差0.1が指示されている。

この図面によって製作された部品を測定した結果、図2のようなデータが得られた。この部品の位置度公差はいくつになるか。

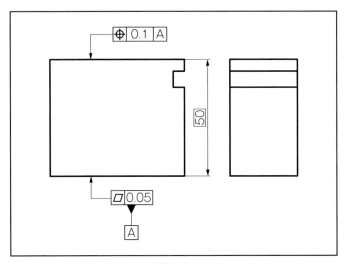

〔図1〕

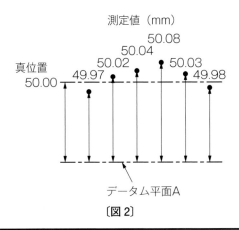

〔図2〕

<解答>

　この場合、測定データは6つある。

　位置度公差の場合は、データムから理論的に正確な寸法（TED）で指示された位置が、"真位置"であり、それから実際の表面がどれだけ偏位してよいか、を規制するものである。

　測定データを見ると、真位置から上側に最も離れた寸法は 0.08 mm で、下側に最も離れた寸法は 0.03 mm である。したがって、ここで公差値の推定に用いる数値は 0.08 である。

　この場合の位置度公差の定義とは、"真位置に対して対称な平行二平面の間隔"である。

　つまり、公差値は、0.08 の2倍したものであり、この場合は、0.16 となる。

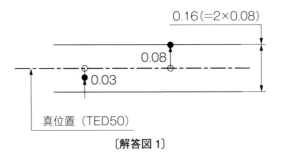

〔解答図1〕

　問題の図1で、部品上部の平面の位置度は 0.1 となっているので、この測定結果では、部品は要求を満足していないことになる。

　ここからわかるように、測定値の最大偏差 0.08 それ自体が位置度の公差値ではないことに注意が必要である。

《問題 NO.》	061	《関連規格》	ISO 1101、5458
《テーマ》	複数形体に対して内部拘束を要求する位置度公差の指示方法
《キーワード》	位置度、組合せ公差域、内部拘束

【演習問題】

図1に示す形状の部品がある。部品の右側の表面Aと表面Bは、互いに間隔20 mm で平行にしたい。さらに、表面それぞれの許容される公差域は、図2のようにしたい。

この設計意図を明確に要求する図示方法はどうなるか示せ。

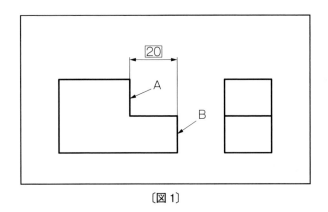

〔図1〕

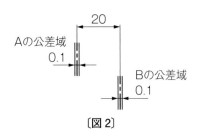

〔図2〕

【補足】

従来は、この設計意図を表す図示は、単純に公差値を0.1とする位置度公差指示で済ませていたものである。ここでは、設計意図をより明確にするということで、新たに規定された指示方法を求めている。

<解答>

表面Aと表面Bの2つの平面形体相互の位置公差を規制する図示は、**解答図1**のようになる。

規制する2つの形体が、問題の図2に示すように、間隔20の平行二平面の位置を真位置として、それぞれ幅0.1 mmの平行二平面間の空間に収めるには、記号"CZ"を使って、2つの公差域が、"組合せ公差域"にあることを明確にする。

ここには、2つの形体間に"内部拘束"が機能しているとみなされる。

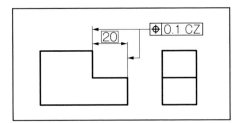

〔解答図1〕

【補足1】

解答図1のみの指示では、部品の基準に対して、2つの面がどうあればよいかまでは、指示されていない。

例えば、部品の底面をデータムAに、左側面をデータムBとして、右側面の位置公差を指示すると、**補足図1**のようになる。

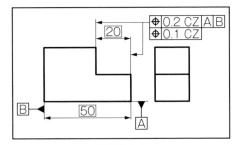

〔補足図1〕

このときの公差域の状態を示したのが、**補足図2**である。

形体相互の公差域（0.1）は、データムからの公差域（0.2）の内部にあれば、図のように左側に傾いても、あるいは右側に傾いても構わない。小さな公差域を満たしながら、大きな公差域の範囲内で、2つの表面は変動できる。

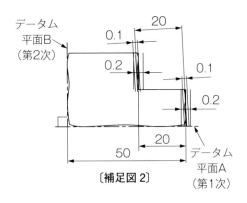

〔補足図2〕

【補足2】

補足図1は位置度で指示しているが、もちろん、**補足図3**に示すように、面の輪郭度を使っての図示でもよい。

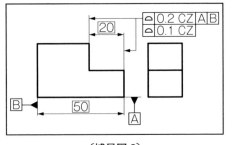

〔補足図3〕

《問題 NO.》	062	《関連規格》	ISO 1101、5458
《テーマ》	複数形体に対して異なる幾何公差を同時に要求する指示方法		
《キーワード》	位置度、平行度、平面度、組合せ公差域		

【演習問題】

図1に示す部品がある。部品の両側にある幅20と幅10の溝について、部品底面を
データム平面Aとして、位置度公差、平行度公差、平面度公差で規制したい。

公差域は図2に示すように、位置度0.5、平行度0.2、平面度0.1とする。

この公差域を、左右の溝に対して同時に要求する場合の、明確な図示がどうなるか
を示せ。

なお、データムAの表面の平面度公差は0.1とする。

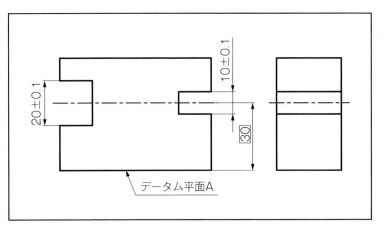

〔図1〕

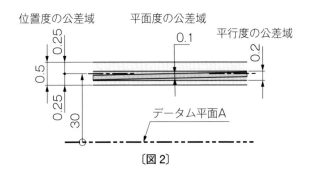

〔図2〕

問題 NO.	062	《キーワード》	位置度、平行度、平面度、組合せ公差域、CZ、SZ

<解答>

　図1の設計要求を明確に表した図示は、**解答図1**のようになる。

　規制形体（相対する平行二平面の中心面）は、左右2つの複数形体である。それに同じ公差値を同時に要求するケースなので、3つの幾何公差指示において、それぞれの公差値の後に記号"CZ"を追記しなければならない。

CZ：Combined zone（組合せ公差域）

　それぞれの幾何公差の公差域の状態を、**解答図2**に示す。図からは、左右の複数形体を1つの形体のごとく扱っている様子がわかる。

【補足1】

　左右の規制する形体に対して、3つの幾何公差のうち、平面度については、**補足図1**に示すように、独立した別個の形体として規制したい場合がある。

　そのような場合は、**補足図2**のように図示することになる。

【補足2】

　平面度0.1について、公差値の後に記号"SZ"が指示されているが、これは、2つの形体（中心面）を、別の形体として独立に検証してほしい、という意味を明確に示した、ISO規格の新しい指示である。

SZ：Separate zones（単独公差域）

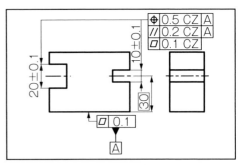

〔解答図1〕

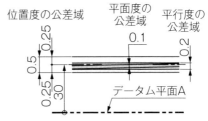

〔解答図2〕（前頁の図2の再掲）

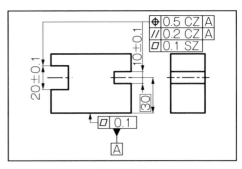

〔補足図2〕

《問題 NO.》	063	《関連規格》	ISO 1101
《テーマ》	複数形体に対する同時要求の幾何公差の指示方法		
《キーワード》	平行度、共通軸線、組合せ公差域		

【演習問題】

　図1の形状の部品で、左右にある2つの直径6 mmの穴の共通軸線について、第1次データム平面Aに平行、かつ第2次データムBと第3次データムCが設定する平面にも平行となるように、平行度公差を"直径0.1の円筒の公差域内"に規制したい。

　この設計要求を満たす図示方法を示せ。

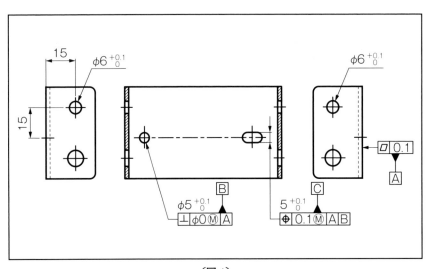

〔図1〕

問題NO.	063	《キーワード》	平行度、組合せ公差域、位置度、CZ

<解答>

この場合の設計要求は、左右の φ6 の 2 つの円筒穴の軸線を、データ A の平面とデータ B とデータ C を通る平面の、2 つの平面に対して、平行度を規制したい、というものである。これも 2 つの形体に対する指示なので、記号 "CZ" を用いる。その図示は、**解答図 1** のようになる。

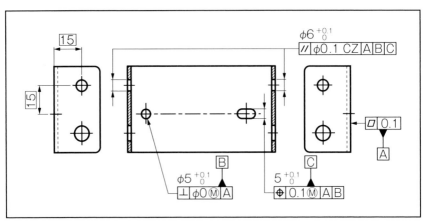

〔**解答図 1**〕

【補足】

この場合でも部品としては、2 つの φ6 の円筒穴の規制には、部品の基準に対して位置公差が必要である。姿勢公差よりも大きな公差値であることを考慮すれば、図例としては、**補足図 1** のようなものとなる。

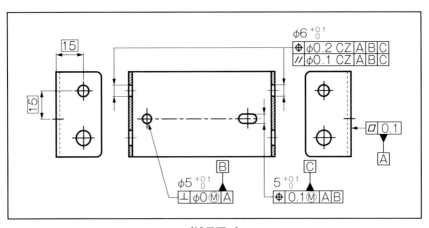

〔**補足図 1**〕

《問題 NO.》	064	《関連規格》	ISO 1101
《テーマ》		複数形体に対して幾何公差を同時要求する指示方法	
《キーワード》		平行度、位置度、共通軸線、組合せ公差域	

【演習問題】

図1の形状の部品で、左側にある直径6 mmの穴と右側にある直径8 mmの穴の共通軸線に対して、図示する寸法位置に、位置度公差として直径0.5の円筒の公差域内に収めたい。

さらに、その共通軸線は、この位置度を満たしながら、データム平面Aに平行、かつ、データムBとデータムCを含む平面にも平行となるように、平行度公差として"直径0.1の円筒の公差域内"に収めたい。

これらの設計要求を満たす図示方法を示せ。

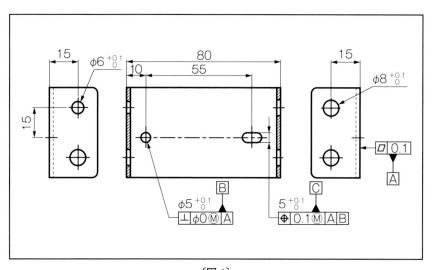

〔図1〕

<解答>

　図1の設計要求を表す図示は、**解答図1**のようになる。

　位置度も平行度も、第1次データムはデータムA、第2次データムはデータムB、第3次データムCのデータム系を参照とする指示となる。また、いずれも"組合せ公差域"なので、公差値の後には記号"CZ"が付く。

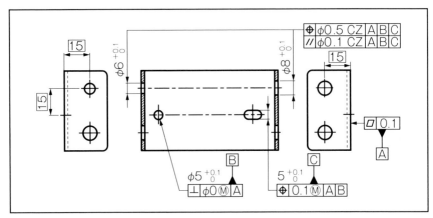

〔解答図1〕

【補足】

　解答図1には、φ6とφ8の円筒穴が存在する2つの両側の平面形体に対しての幾何公差は指示されていない。また、データムCを形成する長円穴への幾何公差指示もなされていない。それらを含めた図示例を、下の**補足図1**に示す。

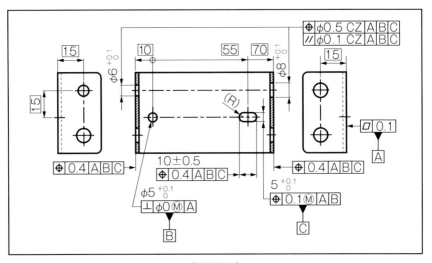

〔補足図1〕

《問題 NO.》	065	《関連規格》	ISO 1101
《テーマ》	複数形体に対して幾何公差を同時要求する指示方法		
《キーワード》	位置度、平行度、組合せ公差域		

【演習問題】

　図1の形状の部品において、基本となるデータム系は、第1次データム A、第2次データム B、第3次データム C とする。

　この部品で、穴 a（φ6）と穴 b（φ8）の共通軸線、および、穴 c（φ8）と穴 d（φ8）の共通軸線を、位置度公差を使って直径 0.1 の円筒内に収めたい。

　かつ、データム平面 A と、データム B とデータム C を含む平面に対する平行度公差を、直径 0.08 の円筒内に収めたい。

　これらの設計要求を満たす図示方法を示せ。

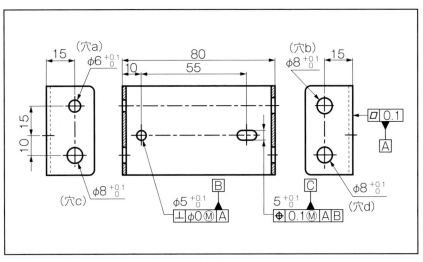

〔図 1〕

<解答>

　図1の設計要求を表す図示は、**解答図1**のようになる。

　まず、上側のφ6とφ8の共通軸線に対する指示であるが、位置度も平行度も、第1次データムはデータムA、第2次データムはデータムB、第3次データムはデータムCとするデータム系を参照する指示となる。また、いずれも"組合せ公差域"なので、公差値の後には記号"CZ"が付く。

　下側の2つのφ8による共通軸線に対する指示であるが、こちらも位置度も平行度も、第1次データムA、第2次データムB、第3次データムCを参照とする指示となる。また、いずれも"組合せ公差域"なので、公差値の後には記号"CZ"が付く。

　上側の指示は、異なる直径の穴形体なので、そのサイズ公差は、寸法線側に指示する。一方、下側の指示は、同じ直径の穴形体なので、サイズ公差の指示は、公差記入枠の上に指示できる。

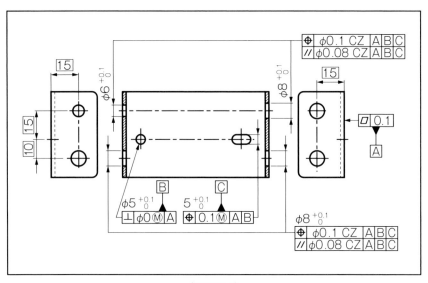

〔**解答図1**〕

【補足】

　この部品について、外形に対する一部の指示を除いて、部品内部に存在する各形体への幾何公差指示については、P132の補足図1に示した指示内容と上記の解答図1の指示内容を併せて表すことによって達成できる。

《問題 NO.》	066	《関連規格》	ISO 1101
《テーマ》	冗長性のないデータム参照についての指示方法		
《キーワード》	位置度、平行度、組合せ公差域		

【演習問題】

図1の部品には、位置度公差と平行度公差が指示されている。

部品中央部の $\phi 12$ の円筒穴の軸線、および両側面にある $\phi 14$ と $\phi 16$ の 2 つの円筒穴の共通軸線に対する幾何公差指示において、参照するデータム、およびデータム系は、どのようになるか。

その適切な図示方法を示せ。

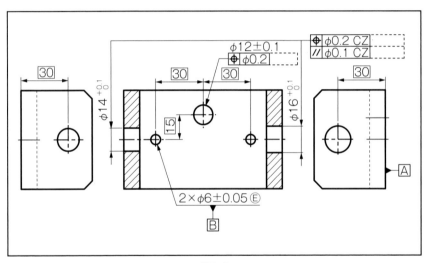

〔図1〕

【補足】

関連形体の幾何公差指示においては、参照するデータムをどれにするかは、基本的には設計意図に依存する。また、何次まで指定するかは、その幾何公差指示のために最小限必要なデータムが何かによって決まる。

適切なデータムを参照すること、また、必要のないデータム（冗長なデータム）は参照しないこと、これらは設計者の責任である。

<解答>

この場合のデータム系は、**解答図1**のようになる。

第2次データムは、2つの直径6の円筒穴の軸線である。これは、先の問題038の問2と同じである。

つまり、第1次データムA、第2次データムは共通データムB-Bとなり、これによってデータム系（三平面データム系）は確立される。

位置度も平行度も、いずれも、このデータム系 |A|B-B| を参照する指示となる。

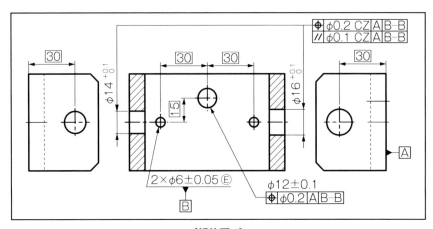

〔解答図1〕

【補足】

上の解答図1では、3つの円筒穴だけに着目した図示である。この部品の用途を念頭に主に指示すべき幾何公差指示の入った図示例としては、**補足図1**のようになる。

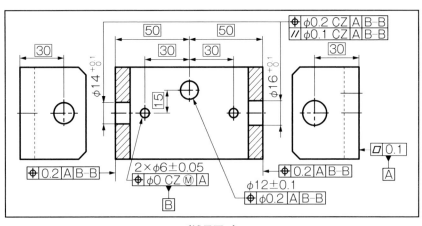

〔補足図1〕

《問題 NO.》	067	《関連規格》	ISO 1101、5459、JIS B 0022
《テーマ》		データム指示とデータムターゲットの正しい使い方	
《キーワード》		位置度、データム記号、データムターゲット記入枠	

【演習問題】

図1の設計意図としては、データム A、B、C によるデータム系において、部品中央の直径 12 の円筒穴を位置度公差で規制するものである。

この図では、データム指示とデータムターゲット記入枠の使い方が、ISO 規格や JIS 規格で規定している指示方法とは異なっている。

適切な図示方法を示せ。

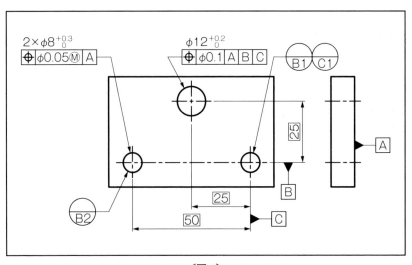

〔図 1〕

【補足】

データムターゲット記入枠： (B1) (B2) (C1)

これは、現在、データムターゲットとして定義されているデータムターゲット点、線、領域の 3 つを指示するときに使用するものである。

図1のように、円筒穴に直接、指示線を当てる指示方法は、ISO 規格にも、JIS 規格にもない。

<解答>

適切な図示は、**解答図1**のようになる。

まず、問題の図1のデータムの指示について。

第1次データムAは右側面の表面であり、これは問題ない。次に第2次データムBであるが、2つの$\phi 8$の円筒穴の軸線の延長上に指示されている。この指示では、データムBが左側の$\phi 8$なのか、右側の$\phi 8$なのか、あるいは、その共通データムなのか判然としない。第3次データムCは、これも右側の$\phi 8$の中心を通る垂直の軸線の延長線に指示されていて、これも曖昧さがあり適切ではない。

元の図1の設計意図を汲んでみると、右側の$\phi 8$の円筒穴の軸線と左側の$\phi 8$の円筒穴の軸線を通る平面を第2次データム平面に、右側の$\phi 8$の円筒穴の軸線を通る垂直の平面を第3次データム平面にしたいと読みとれる。

このような三平面データム系を構成するデータム指示は、下の解答図1となる。

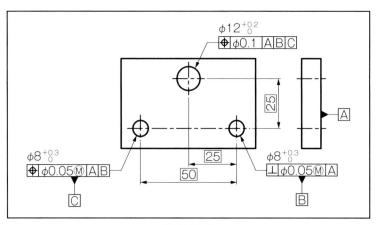

〔解答図1〕

【補足】

解答図1の指示によって設定されるデータム系（三平面データム系）の状態を**補足図1**に示す。

第2次、第3次のデータム平面は、ともにデータム軸直線Bを通る。データム軸直線Cは、第3次データム平面の方向を決める役割をもつ。その結果、図で垂直な平面が第2次データム平面になり、それに直交する平面が第3次データム平面となる。

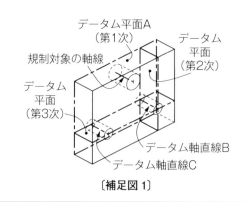

〔補足図1〕

《問題 NO.》	068	《関連規格》	ISO 1101、5459、JIS B 0022
《テーマ》		第 2 次データムと第 3 次データムの正しい設定方法	
《キーワード》		位置度、データム、データムターゲット	

【演習問題】

図 1 の設計意図は、データム A、B によるデータム系において、部品中央の直径 12 の円筒穴を位置度公差で規制するものである。

これは、現在、ISO 規格で規定している指示方法とは異なる。

適切な図示方法を示せ。

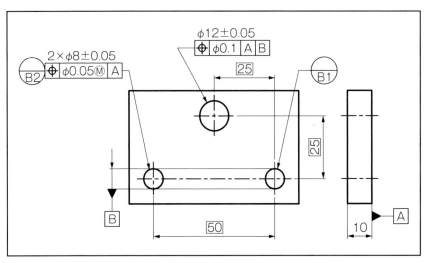

〔図 1〕

【補足】

図 1 の設計意図を読み取ると、第 1 次データム A は右側面図の右側の平面形体に、第 2 次データムとしては 2 個の φ8 の円筒穴の軸線をデータムに設定しようとしているといえる。つまり、第 1 次データムはデータム平面 A、第 2 次データムは、φ8 の 2 つの円筒穴の軸線による共通データムにしたい、と読み取れる。

その場合の正しい図示方法を問うものである。

<解答>

　この場合の適切な図示は、**解答図1**のようになる。

　まず、データムBについては、2つの円筒穴への位置度公差の指示なので、公差値の後に記号"CZ"が付き、"組合せ公差域"であることを示す。この2つのデータム軸直線Bでデータムを設定している。それは、2つの軸直線を含む1つの平面と中間に存在する直線（中心線）の2つである。これにより第2次データムの"共通データムB-B"が設定される。この部品では、$\phi12$の円筒穴の幾何公差指示で、参照データムは第2次までになっているが、ここまでのデータム指示で、この部品のデータム系（三平面データム系）は完全に確立されている。

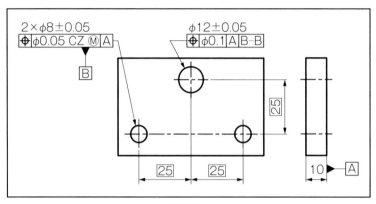

〔解答図1〕

【補足】

　解答図1の指示によって設定されるデータム系（三平面データム系）の状態を**補足図1**に示す。

　2つのデータム軸直線Bによって、1つの平面と1つの直線が設定される。それは、2つのデータム軸直線を通る平面、その2つのデータム軸直線の中央に位置する直線（中心線）である。

　これによって、2つのデータム軸直線を通る平面が第2次データム平面、中央に位置する直線（中心線）を通る平面が第3次データム平面となる。

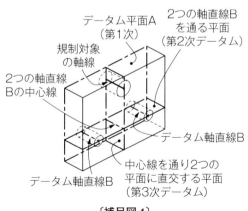

〔補足図1〕

《問題 NO.》	069	《関連規格》	ISO 1101、JIS B 0023、0024
《テーマ》		包絡の条件と幾何公差とが一緒に指示された場合の意味	
《キーワード》		包絡の条件、直角度、完全形状の包絡円筒	

【演習問題】

図1が表す要求内容の解釈として、下に示す(a)と(b)のいずれが正しいか、答えよ。

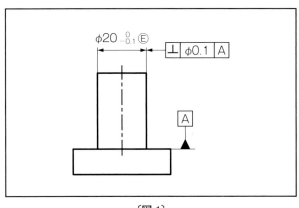

〔図1〕

〔解釈例〕

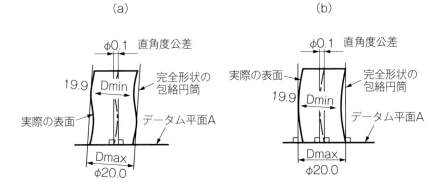

(a)　　　　　　　　　　　　　　　　(b)

<解答>

図1の要求内容を表した**解釈図**は(a)ということになる。

図1の図示の中には、2つの独立した要求事項がある。

1つはサイズ公差であり、円筒軸表面に対するものである。もう1つは幾何公差であり、円筒軸の軸線（中心線）に対するものである。

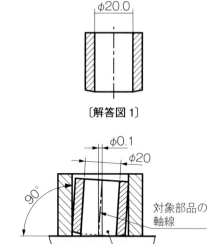

〔解答図1〕

〔解答図2〕

◆　サイズ公差の指示について：

寸法値の後に、記号"Ⓔ"が付いているので、次のことを要求している。

1) 最大実体サイズの完全形状の包絡面を越えないこと：

（この場合の"最大実体サイズ"はφ20である。いかなる場合にも、この円筒の表面は、20 mm以下でなければならない。）

2) 最小サイズは（2点間で）19.9 mm以上のこと：

このうちの1）を検証するには、**解答図1**のようなゲージによって確認できる。なお、この場合の検証面は内側の形体である。

◆　幾何公差（直角度）について：

円筒の軸線（中心線）の傾きは、直径0.1の円筒内に収まっていなければならない。

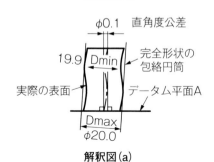

解釈図(a)

これは、解答図1のゲージ自体が、基準の面（データム平面A）に対して、傾きが水平方向に0.1 mm以内であることを要求している。図で表すと、**解答図2**のようになる。

【補足】

最大実体状態：MMC（maximum material condition）形体のどこにおいても、その形体の実体が最大となる許容限界サイズの状態。穴では最小径、軸では最大径。

最大実体サイズ：MMS（maximum material size）形体の最大実体状態を決めるサイズ。

《問題 NO.》	070	《関連規格》	ISO 1101、JIS B 0023、0024
《テーマ》		包絡の条件と幾何公差とが一緒に指示された場合の意味	
《キーワード》		包絡の条件、直角度、完全形状の包絡円筒	

【演習問題】

図1が表す要求内容の解釈として、下に示す(a)と(b)のいずれが、正しいか答えよ。

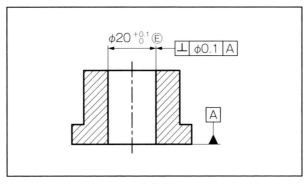

〔図1〕

〔解釈例〕

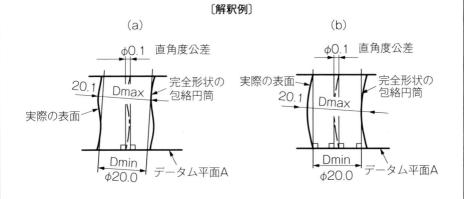

問題 NO.	070	《キーワード》	包絡の条件、直角度、完全形状の包絡円筒、内側形体、Ⓔ

<解答>

図1の要求内容を表した**解釈図**は、(a)になる。

図1の図示の中には、2つの独立した要求事項がある。

1つはサイズ公差であり、円筒穴表面に対するものである。もう1つは幾何公差であり、円筒穴の軸線（中心線）に対するものである。

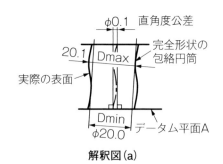

解釈図(a)

◆ サイズ公差の指示について：

寸法値の後に、記号 "Ⓔ" が付いているので、次のことを要求している。

1) 最大実体サイズの完全形状の包絡面を越えないこと：

（この場合の "最大実体サイズ" は φ20 である。いかなる場合にも、この円筒の表面は、20 mm 以上でなければならない。）

2) 最大サイズは（2点間で）20.1 mm 以下のこと：

このうちの1) を検証するには、**解答図1** のようなゲージによって確認できる。なお、この場合の検証面は外側の形体である。

◆ 幾何公差（直角度）について：

円筒の軸線（中心線）の傾きは、直径0.1の円筒内に収まっていなければならない。これは、解答図1のゲージ自体が、基準の面（データム平面A）に対して、傾きが水平方向に 0.1 mm 以内であることを要求している。

図で表すと、**解答図2** のようになる。

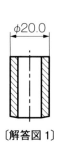

〔解答図1〕

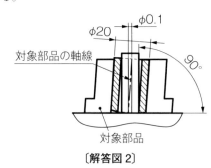

〔解答図2〕

《問題 NO.》	071	《関連規格》	ISO 1101、JIS B 0023
《テーマ》		最大実体公差方式が指示された場合の幾何公差の意味	
《キーワード》		位置度、最大実体公差、完全形状の包絡円筒	

【演習問題】

図1が表す要求内容の解釈として、下に示す(a)と(b)のいずれが、正しいか答えよ。

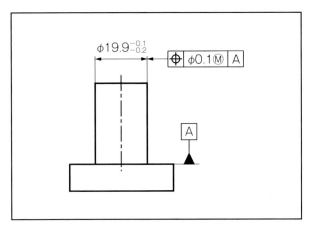

〔図1〕

〔解釈例〕

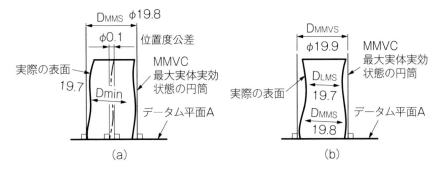

【補足】

最大実体実効状態：図示された形体に許容される完全形状の限界。最大実体サイズと幾何公差との総合効果によって生じる。そのサイズを、**最大実体実効サイズ**という。

<解答>

正解は、**解釈図**(b)である。

図1の図面指示の中には、サイズ公差と幾何公差（位置度）の2つの指示がある。位置度公差の公差値の後に記号"Ⓜ"が指示されているので、サイズ公差と幾何公差との間には相互依存関係があることを示している。つまり、位置度には公差値 φ0.1 が指示されて

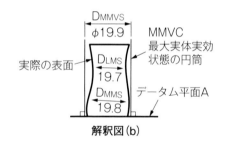

解釈図（b）

いるが、この値はサイズの仕上がり状態によって変動することを意味している。

◆ サイズ公差について：

1) 円筒軸の最大径は（2点間で）19.8 mm 以下である。このときのサイズを最大実体サイズ（MMS）という。

2) 円筒の最小径は（2点間で）19.7 mm 以上である。このときのサイズを最小実体サイズ（LMS）という。

サイズについては、これを満足すればよい。

◆ 幾何公差（位置度公差）について：

1) 軸が最大径（最大実体サイズ）19.8 mm のときは、円筒の位置度は φ0.1 を満たすこと。別の言い方をすれば、データム平面 A に対して直角な直径 19.9（＝19.8＋0.1）mm の円筒内に指示した円筒が収まっていること。この状態を最大実体実効状態といい、そのときのサイズを最大実体実効サイズ（MMVS）という。

2) 軸が最大実体サイズでないときは、そのサイズと最大実体サイズとの差を、初期の位置度公差の公差値 φ0.1 に加算した値が、満たすべき位置度公差となる。例えば、サイズが最小サイズ、19.7 mm のときは、位置度公差は φ0.2 となる。

この場合、位置度公差が φ0.1 から φ0.2 まで変動してもよいか否かは、解釈図(b)からはわからないが、図1の図示による重要な要求条件が、解釈図(b)を満足することなのである。

したがって、この状態の検証には、**解答図1**に示す"機能ゲージ"を用いることによって検証できるのである。

なお、最小サイズが 19.7 mm 以上であることについては、別に検証することになる。

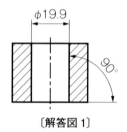

〔解答図1〕

《問題 NO.》	072	《関連規格》	ISO 1101、JIS B 0023
《テーマ》		最大実体公差方式が指示された場合の幾何公差の意味	
《キーワード》		位置度、最大実体公差、完全形状の包絡円筒	

【演習問題】

図1が表す要求内容の解釈として、下に示す(a)と(b)のいずれが、正しいか答えよ。

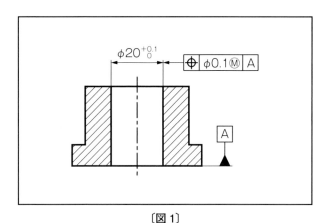

〔図1〕

〔解釈例〕

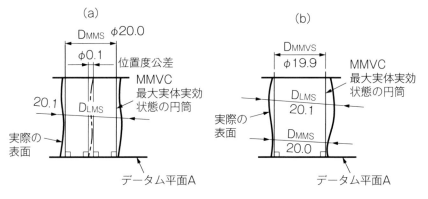

問題 NO.	072	《キーワード》	位置度、最大実体公差、完全形状の包絡円筒、機能ゲージ、Ⓜ

<解答>

この問題の答えは、**解釈図**(b)である。

図1の図面指示の中には、サイズ公差と幾何公差（位置度）の2つの指示がある。

位置度公差の公差値の後に記号"Ⓜ"が指示されているので、サイズ公差と幾何公差との間には相互依存関係があることを示している。つまり、位置度には公差値 $\phi0.1$ が指示されているが、この値はサイズの仕上がり状態によって変動することを意味している。

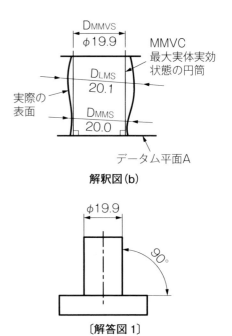

解釈図(b)

◆ サイズ公差について：

1) 円筒穴の最大径は（2点間で）20.1 mm 以下である。このときのサイズを最小実体サイズ（LMS）という。

〔解答図 1〕

2) 円筒穴の最小径は（2点間で）20.0 mm 以上である。このときのサイズを最大実体サイズ（MMS）という。

サイズについては、これを満足すればよい。

◆ 幾何公差（位置度公差）について：

1) 穴径が最大実体サイズ 20.0 mm のときは、円筒の位置度は $\phi0.1$ を満たすこと。別の言い方をすれば、データム平面 A に対して直角な直径 19.9（＝20.0－0.1）mm の円筒軸（つまり、解答図1の機能ゲージ）が、指示した円筒穴に挿入されればよい。この状態を最大実体実効状態といい、そのときのサイズを最大実体実効サイズ（MMVS）という。

2) 穴径が最大実体サイズでないときは、そのサイズと最大実体サイズとの差を、初期の位置度公差の公差値 $\phi0.1$ に加算した値が、そのとき満たすべき位置度公差となる。例えば、サイズが最小実体サイズ、20.1 mm のときは、位置度公差は $\phi0.2$ となる。

この場合、位置度公差が $\phi0.1$ から $\phi0.2$ まで変動してもよいか否かは、解釈図(b)からはわかりにくいが、図1の図示による重要な要求条件が、解釈図(b)を満足することなのである。したがって、この状態の検証には、**解答図1**に示す"機能ゲージ"を用いることによって検証できるのである。なお、最大サイズが 20.1 mm 以下であることについては、別に検証することになる。

《問題 NO.》	073	《関連規格》	ISO 1101
《テーマ》	複数の形体に対する面の輪郭度の指示方法
《キーワード》	面の輪郭度、複数形体、データム

【演習問題】

図1では、識別文字のMとNで示す指定位置の間に存在する7つの（平面と曲面とからなる）複数形体に対して、データムAと2つの直径6 mmの円筒穴をデータムBとする、面の輪郭度公差で規制している。

このままでは、適切な指示とは言えない。適切な図示方法がどうなるのか示せ。

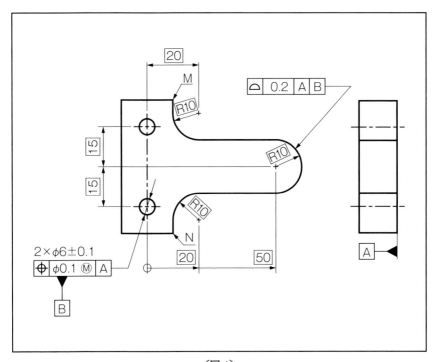

〔図1〕

<解答>

この場合の適切な図面指示は、**解答図 1** のようになる。

まず、第 2 次データム B について：2 つの φ6 の円筒穴の軸線であるから、位置度の公差値には、"組合せ公差域"を示す記号"CZ"を公差値と⑩の間に追記する。

次に、区間 M から N までの間に存在する合計 7 個の形体（平面と円弧面からなる）に対しての面の輪郭度の指示なので、複数形体を 1 つの形体のごとくみなす記号"UF"を公差記入枠の上に指示する。加えて、区間指示記号"←→"を用いて、指定範囲を指示する。参照する第 2 次データムは、2 つのデータム軸直線 B による共通データムなので、表記は"B-B"となる。

この図面指示によって確立されるデータム系（三平面データム系）は、**解答図 2** のようになる。なお、このケースでは、第 2 次データムまでの指示であるが、この部品のデータム系（三平面データム系）は完全に確立している。

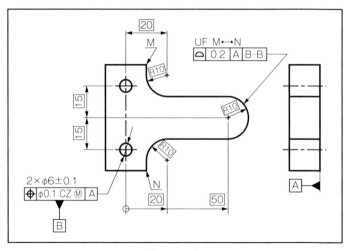

〔解答図 1〕

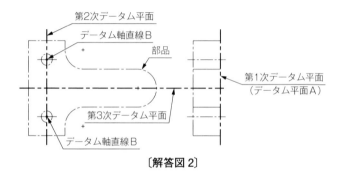

〔解答図 2〕

《問題 NO.》	074	《関連規格》	ISO 1101、1660、5458
《テーマ》		円筒形体への位置度と輪郭度の２つを要求する指示方法	
《キーワード》		位置度、面の輪郭度、データム、公差域、複数形体	

【演習問題】

図1は、内部に4個の直径15 mm の貫通する円筒穴をもつ部品である。

その4つの円筒穴に対して、位置度公差と面の輪郭度公差の2つの指示がされている。

この図示では、設計意図を明確に示されておらず難点がある。

あいまいさのない、明確な図示方法は、どうなるのかを示せ。

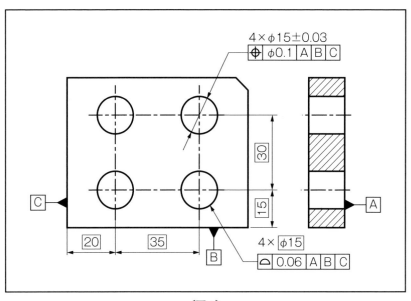

〔図1〕

【補足】

図1における設計意図としては、円筒穴の軸線（誘導形体）とその円筒面（外殻形体）に対して、それぞれ個別に規制したいものと読み取れる。それを正確に表現する指示方法が問われている。

＜解答＞

設計意図を適切に表した図示は、**解答図1**のようになる。

まず、円筒穴の軸線に対する位置度公差の指示は、公差記入枠の指示線を、円筒穴の円形の寸法線の延長上に当てて指示する。

一方、円筒穴の円筒面に対する面の輪郭度公差の指示は、円形の外形自体に、公差記入枠の指示線を当てる。この公差域は、4つの円筒穴が、それぞれ独立して公差値を満たせばよいから、その意味を込めて、記号"SZ"（単独公差域）を指示する。

問題文の図1において、1つの円筒穴の直径に、φ15±0.03のサイズ公差とTEDφ15の両方が指示されているのは、明らかに不適切なので、指示はTEDφ15だけにする。

なお、1つの形体に対する要求事項は、できるだけ一緒にまとめてするか、近くに集めて指示するのがよい。

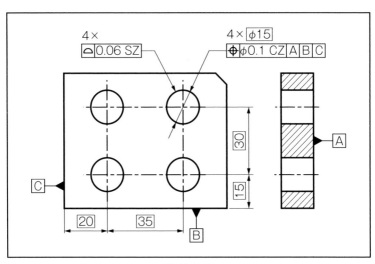

〔解答図1〕

【補足】

◆　円筒の円周面に対する面の輪郭度指示について：

ここでは、この円筒穴の軸線を、データム系に対する位置度で規制しているので、4つの円筒穴の中心（軸線）は、部品の基準に対して所定の公差域に抑えられている。したがって、その円筒の周面は、その位置を中心としたTEDφ15の"真の輪郭面"[*]を基準に、Sφ0.06の球がつくる2つの包絡面の内部に規制される。

この面の公差域に、データム平面Aに対して直角という姿勢関係を要求する場合には、参照する第1次データムとしてデータムAを指示すればよい。

（＊）　これを、ISO規格では、"theoretically exact feature""TEF"（理論的に正確な形体）と定義している。

《問題 NO.》	075	《関連規格》	ISO 1101、5459
《テーマ》		参照するデータムを姿勢拘束限定とした場合の指示方法	
《キーワード》		位置度、データム、姿勢拘束限定	

【演習問題】

図1の形の部品がある。部品上部にある $\phi10\,\text{mm}$ の円筒穴の軸線の規制を次のようにしたい。

設計意図：対象の軸線は、データム平面 A に対しては、平行関係という姿勢公差だけの規制とし、その位置については、部品上部のデータム平面 B から指示した位置と、データム中心平面 C とを真位置とし、その公差を $\phi0.1$ としたい。

その場合の適切な図示方法を示せ。

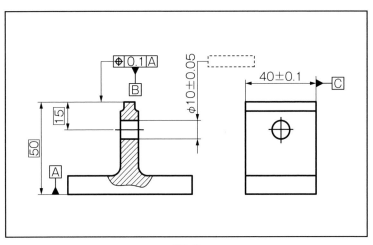

〔図 1〕

【補足】

一般には、データム平面が設定されて、位置度公差が指示されると、位置拘束と姿勢拘束が機能する。

ISO 1101：2017 において、設定したデータムに対して、位置拘束は作用させず、姿勢拘束のみを作用させる方法とそのための記号が新たに規定された。この問題は、その図示方法を問うものである。

<解答>

設計意図を表した図示は、**解答図 1** のようになる。

規制する形体が参照するデータムは、第 1 次データムがデータム A、第 2 次がデータム B、第 3 次がデータム C である。

データム A は、位置拘束は機能させず、姿勢拘束のみ、つまり、平行関係を保つという姿勢拘束のみを機能させる。

したがって、データム記号 A の後に、記号 ">＜" を追記する。この記号がなければ、データム A から 35 mm が真位置になっての位置度公差になるところであるが、この記号があることによって、それが無効になる。

この指示によって、対象の形体は、データム A とは、"平行という姿勢拘束だけを保つこと" の解釈となる。

データム B と C に対しては、位置拘束と姿勢拘束の両方が機能する。

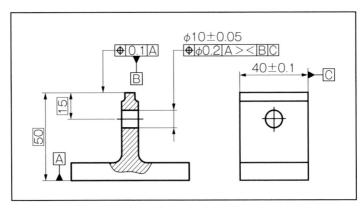

〔解答図 1〕

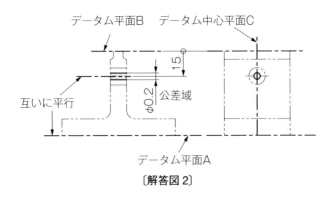

〔解答図 2〕

《問題 NO.》	076	《関連規格》	ISO 1101、JIS B 0023
《テーマ》		穴部品と軸部品のはめあいの達成	
《キーワード》		直角度、穴部品、軸部品、はめあい、ゼロ幾何公差方式	

【演習問題】

図1の穴部品とはまり合う相手部品（軸部品）として、下の**図2**の(a)〜(d)の中で適切なものはどれか。ただし、面Mと面Nをピッタリ接触させるものとする。

複数選択可。

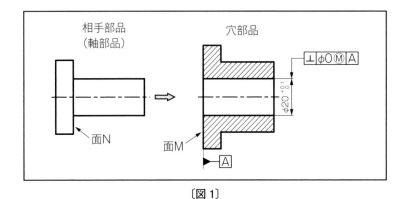

〔図1〕

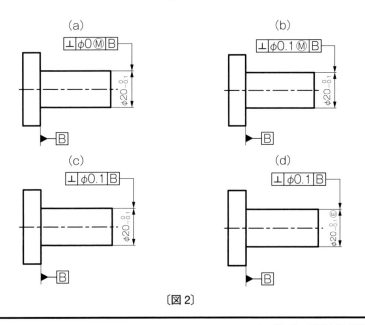

〔図2〕

<解答>

図1の穴部品とピッタリはまり合う軸部品は図2の(a)であり、これが答えである。

図1の指示は、いわゆる "ゼロ幾何公差方式" と言われるものである。穴部品と軸部品に、シビアなはめあいを求める場合に用いると有効な方式である。

この図示のポイントは、規制対象の円筒の外周面に、越えてはならない "境界面" があることである。

この例では、穴部品は、**解答図1**に見るように、直径20 mmの円筒、つまり、最大実体実効状態の円筒を境界面として、部品の実体は、それより内側に決して入り込まないことである。これが相手の軸部品とはまり合うための重要要件となる。

なお、この場合、直径20 mmの円筒は、データム平面とは正確に直角をなしている。

したがって、相手部品の軸部品としては、**解答図2**に示すように、データム平面に対して正確に直角で、いかなる場合でも、直径20 mmの円筒の境界面を越えて、外側にはみ出さないことである。

解答例(d)は、軸の外周面は直径20 mmの円筒の境界面を越えて外側にはみ出さないことは達成している。しかし、データム平面Bに対して直角度 φ0.1 を許しているので、面Mと面Nが必ずしも、ピッタリ接触するという要件を満たしていない。

解答例(b)は、最大実体実効状態の円筒の直径が20.1 mmとなってしまい、干渉が発生する。

解答例(c)は、円筒の直径は（2点距離の）サイズとして19.9〜20.0 mmで、直角度も常に φ0.1 許されているので、常に、解答図2の状態を満たすという保証はない。

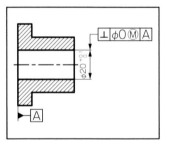

図1(右)　穴部品

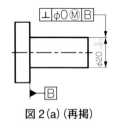

図2(a)(再掲)

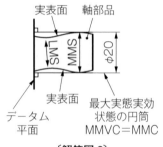

〔解答図1〕

〔解答図2〕

《問題 NO.》	077	《関連規格》	ISO 1101、JIS B 0023
《テーマ》			内側形体を検証する機能ゲージの設計寸法
《キーワード》			位置度、円筒穴、内側形体、はめあい、機能ゲージ

【演習問題】

　図1に図示する部品を検証する "機能ゲージ" として、適切なのは、図2の(a)〜(d)のうちのどれか。複数選択可。ただし、ゲージの各ピンは、設置面に正確に直角に立ち、その高さは、いずれも 10 mm 以上あるものとする。

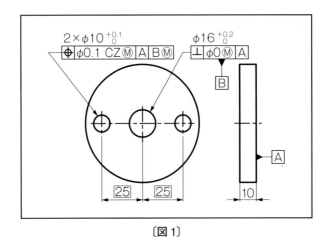

〔図1〕

〔図2〕

<解答>

図1の機能ゲージとは、図示における"最大実体実効状態"がどのようになるかによって決まる。

最大実体実効状態とは、サイズ公差が最大実体状態（MMC）で、それに幾何公差を考慮したものとなる。図1の部品は、穴部品なので、データムBのφ16の穴、2つあるφ10の穴の"最大実体実効状態"の1例としての、サイズ公差、幾何公差は、**解答図1**のようになる。

（注）1例としたのは、φ10の穴が必ずしも右に同様に倒れるものでないからである。この状態が、相手の軸部品とのはめあいにおける極限状態（最悪状態）なので、これを検証する機能ゲージとしては、この限界を侵害しているか否かを検証できればよい、ということになる。それが機能ゲージの役目である。

つまり、ピンの設置面に対して正確に直角に立った3つのピン（円筒軸）が、それぞれφ9.9 mm、φ16 mm、φ9.9 mmとなっていればよい。

したがって、答えは、図2の(a)となる。

ただし、ここでは機能ゲージの製作誤差は含んでいない。

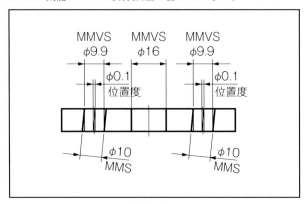

〔解答図1〕

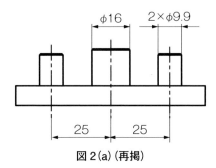

図2(a)（再掲）

《問題 NO.》	078	《関連規格》	ISO 1101、ASME Y14.5
《テーマ》		面の輪郭度で公差域を不均等に配分する場合の指示方法	
《キーワード》		面の輪郭度、公差域、不均等配分	

【演習問題】

図1に示す部品で、その上面の位置公差を、領域を3つに分けて、図2に示すように、指示した値の平行二平面の間の領域に規制したい。

幾何公差として"面の輪郭度"を用いた適切な図示方法を示せ。

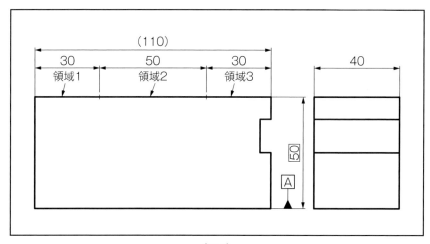

〔図1〕

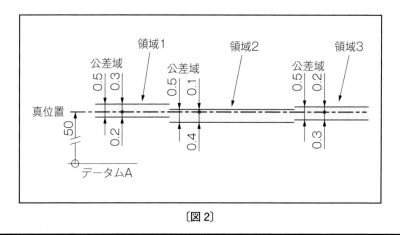

〔図2〕

<解答>

輪郭度公差における公差域の不均等配分の図面指示方法は、ISO 規格と ASME 規格では異なる。

ISO 規格の方法は、記号 "UZ" を用いる方法である。その使い方は、次のようになる。公差値の枠内に、まず全体の公差値を指示し、次に、記号 "UZ" を表記し、その後に、新たに配分する公差域の基準位置が真位置からどれだけシフトさせるのか、その値を指示する。例えば、領域1であれば、全体の公差域 0.5 のうち、真位置から実体の外側に 0.3 だけ配分するので、新たな公差域の基準位置の真位置からのシフト量は、0.05（＝0.3−0.5/2）となるので、この値を記号 "UZ" の後に記入することになる。

なお、記号 "UZ" は、公差域を不均等に配分する指示記号を意味する記号である。

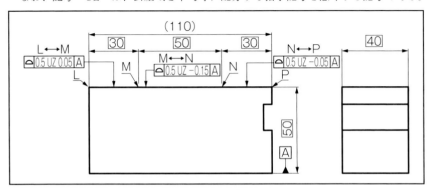

〔解答図1〕

【補足】

補足図1は、ASME 規格の指示方法である。こちらの方法は、公差値に続き記号 "Ⓤ" を表記し、その後に、実体の外側に公差域がどれだけシフトするか、その値を記入する方法である。

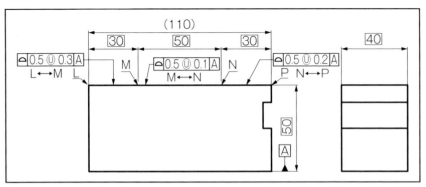

〔補足図1〕

注）前頁の図2の公差域の図と比較すると、ASME 規格の方法が直感的でわかりやすい。

《問題 NO.》	079	《関連規格》	ISO 1101、1660
《テーマ》			大きな固定公差域と変動する小さな公差域を指示する方法
《キーワード》			面の輪郭度、固定公差域、変動公差域

【演習問題】

図1に示す部品で、その上面の離れた位置にある2つの表面のJとKに対して、図2に示すように、それぞれの公差域について、大きな固定公差域（間隔0.5）を満足しながら、その公差域の中を上下に自由に変動できる小さな変動公差域（間隔0.2、間隔0.3）で規制したい。

幾何公差として"面の輪郭度"を用いた適切な図示方法を示せ。

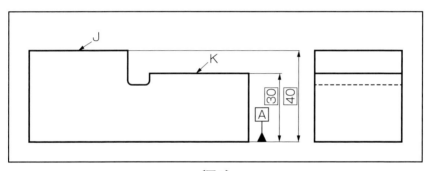

〔図1〕

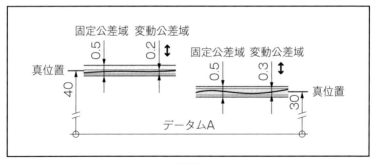

〔図2〕

【補足】

固定公差域：真位置を基準に公差値を均等に配分した面の輪郭度の公差域

変動公差域：固定公差域の真位置からオフセットした位置を基準に公差値を均等に配分した面の輪郭度の公差域。公差域は固定公差域よりも小さくとり、固定公差域の内部を自由にオフセット（移動）できる。

問題 NO.	079	《キーワード》	面の輪郭度、固定公差域、変動公差域、OZ

<解答>

　輪郭度公差における基本的な指示は、固定公差域の指示である。ここでは、その大きな固定公差域の範囲にありながら、その公差域内で変動する小さな公差域を指示する方法である。

　その指示方法は、**解答図 1** のようになる。

　まず、上段の公差記入枠で、固定公差域を通常の指示で行う。

　次に、2 段目の公差記入枠で、固定公差域内で変動する小さな公差域の公差値を指示し、その後に、記号 "OZ" を追記する。

　この記号 "OZ" は、"オフセットする変動公差域" を表す記号である。

　なお、この指示では、どれだけオフセットするかの数値は指示せず、固定公差域よりも小さな公差域を指示するものである。

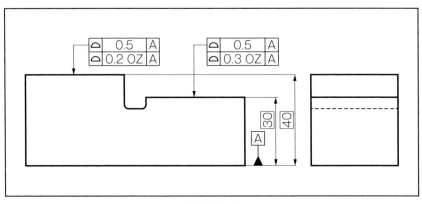

〔解答図 1〕

【補足】

　この記号 "OZ" を用いる指示方法は、ISO 1101：2017、ISO 1660：2017 の規格で、新たに規定されたものである。

OZ：Unspecified linear tolerance zone offset

（オフセット量は指定せず、オフセット公差域を示す）

《問題 NO.》	080	《関連規格》	ISO 1101、1660
《テーマ》		大きな固定公差域と変動する小さな公差域を指示する方法	
《キーワード》		面の輪郭度、固定公差域、変動公差域	

【演習問題】

　図1に示す部品で、その上面の離れた位置にある4つの表面のJ、K、L、Mに対して、ともにデータム平面Aと平行を保ちながら、**図2**に示すように、同じ位置にある2つの平面は、ともに固定公差域（間隔0.5）を満足し、個々にはその公差域の中を自由に上下に変動できる小さな変動公差域（間隔0.2、間隔0.3）で規制したい。

　幾何公差として"面の輪郭度"を用いた適切な図示方法を示せ。

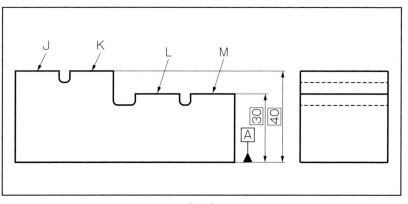

〔図1〕

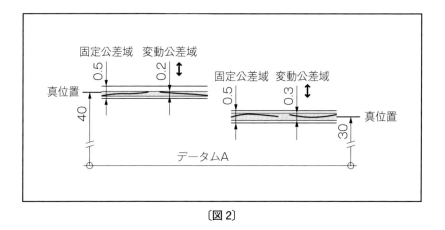

〔図2〕

問題 NO.	080	《キーワード》	面の輪郭度、固定公差域、変動公差域、CZ、OZ、SZ

<解答>

　設計要求に対する図示は、**解答図1**に示すようになる。

　ここでは、位置が同じ表面が2つずつ、2組ある。左側の2つの表面は、ともに0.5の固定公差域にあって、ともに0.2の変動公差域を上下に移動可能とするもの。

　同様に、右側の2つの表面は、固定公差域を0.5で、変動公差域を0.3とするものである。この場合、いずれも1つの公差指示で2つの形体への指示であるから、2段枠いずれも "組合せ公差域" を意味する記号 "CZ" が付く。下段枠の指示では、固定公差域の中を上下に移動する "変動公差域" であることを表す記号 "OZ" がさらに付くことになる。

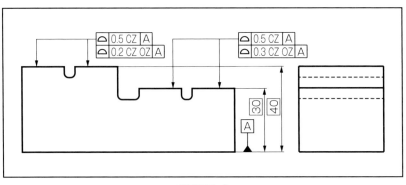

〔解答図1〕

【補足】

　仮に、同じ位置の2つの形体が、指定した公差値の変動公差域を、それぞれ独立に単独として機能してよい場合の図示は、次の**補足図1**のようになる。つまり、記号 "OZ" の前に、独立した指示であることを示す、記号 "SZ" が付くことになる。

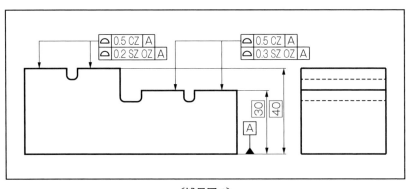

〔補足図1〕

JUMP

レベル 3

　最後の跳躍である、この JUMP "レベル 3"
では、2017 年以降の ISO 規格で決められた規
則や記号を用いた、設計意図の表し方、その解
釈に関する例題を集めている。

　新しい記号や新しい決まりごとなので、戸惑
うかもしれないが、これから設計要求として、
必ずや必要となるであろう項目を取り上げてあ
る。

　そのつもりで、ぜひ、大きく JUMP してほしい。

「複数形体」に対する指示の進め方

（多数ある要求事項の明確な指示方法）

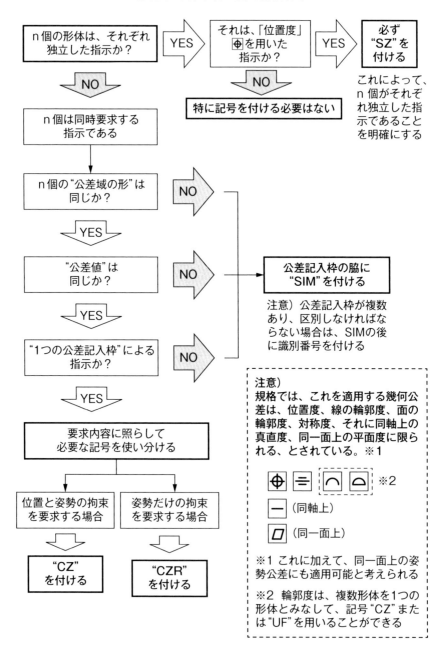

n個の形体は、それぞれ独立した指示か？

YES → それは、「位置度」⊕を用いた指示か？

YES → 必ず "SZ" を付ける

これによって、n個がそれぞれ独立した指示であることを明確にする

NO ↓

n個は同時要求する指示である

NO → 特に記号を付ける必要はない

---

n個の "公差域の形" は同じか？ **NO →**

YES ↓

"公差値" は同じか？ **NO →**

YES ↓

"1つの公差記入枠" による指示か？ **NO →**

YES ↓

要求内容に照らして必要な記号を使い分ける

位置と姿勢の拘束を要求する場合 → "CZ" を付ける

姿勢だけの拘束を要求する場合 → "CZR" を付ける

公差記入枠の脇に "SIM" を付ける

注意）公差記入枠が複数あり、区別しなければならない場合は、SIMの後に識別番号を付ける

注意）
規格では、これを適用する幾何公差は、位置度、線の輪郭度、面の輪郭度、対称度、それに同軸上の真直度、同一面上の平面度に限られる、とされている。※1

⊕ ≡ ⌒ ⌓ ※2

─ （同軸上）

▱ （同一面上）

※1 これに加えて、同一面上の姿勢公差にも適用可能と考えられる

※2 輪郭度は、複数形体を1つの形体とみなして、記号 "CZ" または "UF" を用いることができる

《問題 NO.》	081	《関連規格》	ISO 1101、5459
《テーマ》	三平面データム系の設定方法		
《キーワード》	位置度、データム、データム系		

【演習問題】

この部品の設計意図は

「**図1**に示すように、側面図の右側の表面を第1次データム平面Aに、水平の中心線で表す平面をデータム平面Bに、垂直な中心線で表す平面をデータム平面Cとする、三平面データム系を設定して、2個のϕ8 mmの穴とϕ12 mmの穴を、位置度公差で規制する」

というものである。

この設計意図に沿った、曖昧さのない"明確な図示"が、どうなるのかを示せ。

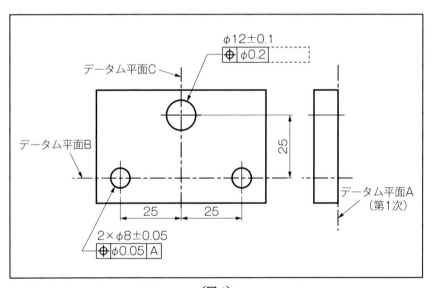

〔図1〕

<解答>

　この問題の"明確な図示"は、**解答図1**となる。

　まず、理解したいことは、この場合のデータム系（三平面データム系）がどうなるか、ということである。第1次データム平面Aは、部品側面図で右側の表面である。次の、第2次データム平面がどうなるかが、理解し難いところである。

　第2次データムに指示しているのは、2個のφ8の円筒穴の軸線である。平行関係にある2本の直線がつくるデータム系は、2本の軸線を通る平面（第2次データム平面）と、2本の軸線の中間にある直線を通り第2次データム平面に直角な平面（第3次データム平面）とを形成する。結局、この場合、**解答図2**に示すようなデータム系（三平面データム系）が構成される。

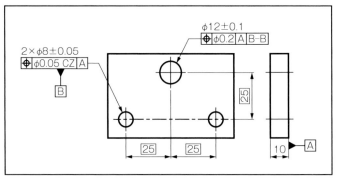

〔解答図1〕

　データムBに指示したφ8の円筒穴への位置度公差指示であるが、記号"CZ"が付いている。これは、TEDで指示した真位置に2つの円筒穴を組合わせて公差域内に拘束することを明確に意味する指示である。

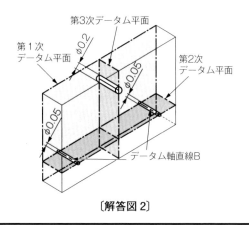

〔解答図2〕

　φ12の円筒穴への位置度指示において、参照する第2次データムは、共通データムB-Bとなるので、それを表す指示となっている。

　この図示のポイントは、参照するデータム系が、第2次までしか指定していないが、それだけで三平面データム系が成り立っていることである。

《問題 NO.》	082	《関連規格》	ISO 1101、1660、5458、5459
《テーマ》		複数の形体に対する位置度と輪郭度を用いた規制方法	
《キーワード》		位置度、面の輪郭度、複数形体、共通データム	

【演習問題】

図1の設計意図は

「データムAと位置度公差で規制する2つの円筒穴をデータムBとして、区間指示 "M ←→ N"の範囲に入る5つの複数の形体を、面の輪郭度公差で規制する」

というものである。

この図示では、明確さに欠け、適切でない。

最も新しいISO規格に沿った、明確な図示方法を示せ。

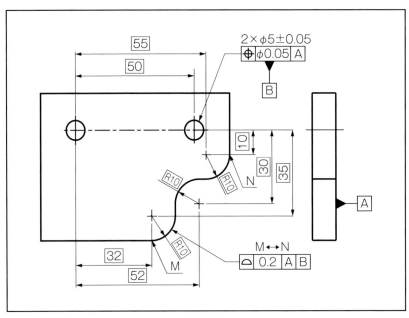

〔図1〕

【補足】

ここでは、2個のφ5の円筒穴にデータムBが指定されているが、これは、いわゆる"共通データム"を構成する。したがって、単一のデータムとして、データムAとデータムBが設定された図示とは明らかに異なる。この2つのデータム指定によって、この部品には、どのようなデータム系が設定されるかがポイントである。

<解答>

まず、第2次データムとして指定しているのは、2個の φ5 の円筒穴の軸線である。2つが指示されているので、共通データムを構成する。つまり、第2次データムは、共通データム B-B となる。

このデータム形体である φ5 は2つの形体（複数形体）であり、互いに組合わせて公差域を要求するので、**解答図1**に示すように、公差値に"組合せ公差域"を表す記号"CZ"が付く。

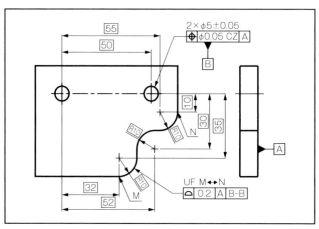

〔解答図1〕

部品右下の区間指示記号"M ←→ N"で範囲指定された形体は、5つの形体からなる複数形体であるので、面の輪郭度の公差記入枠の上部に、（結合形体）を意味する記号"UF"が付く。

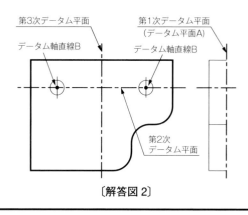

第3次データム平面
データム軸直線B
第1次データム平面
（データム平面A）
データム軸直線B
第2次
データム平面

〔解答図2〕

この部品の場合のデータム系（三平面データム系）は、**解答図2**に示すように、第1次データム平面はデータム平面 A であり、第2次データム平面は2つのデータム軸直線Bを通る平面である。第3次データム平面は、2つのデータム軸直線Bの中間に位置する直線を通る平面である。当然のことではあるが、これら3つの平面は、互いに直交関係にある。

《問題 NO.》	083	《関連規格》	ISO 1101、1660
《テーマ》		面の輪郭度で公差域の大きさを連続的に変化させる指示方法	
《キーワード》		面の輪郭度、一様に変化する公差域	

【演習問題】

図1の設計意図は

「部品の右側の半径50の円弧面を基準の輪郭面として、位置Mから位置Nまでの範囲を"面の輪郭度公差"で形状公差を規制し、かつ、始点Mでの公差値を0.1とし、終点Nでの公差値を0.2となるように、公差域を連続的に変化させる」
というものである。

これを明確に要求する図示がどうなるのかを示せ。

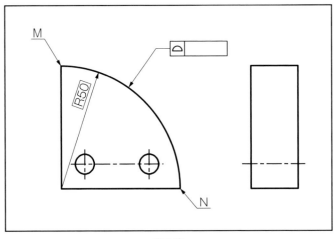

〔図1〕

【補足】

面の輪郭度公差の公差値を連続的に変化させる指示方法は、ISO 1101：2017で規定された比較的新しい規定である。

<解答>

　従来、ISO 規格でも JIS 規格でも、面の輪郭度の公差値は、1つで、かつ、公差域も均等に配分するものであった。しかし、ISO 1101：2017 の規格によって、公差値を一様に変化する方法が規定された。

　これが、その方法である。その表し方は、**解答図1**に示すように、指定する範囲を指示して、始点の公差値と終点の公差値を、ハイフン"−"を使って、表記する方法である。

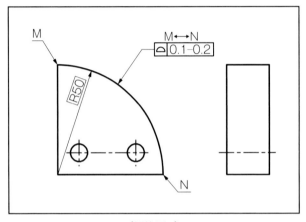

〔解答図1〕

　この部品例の場合、基準となる"真の輪郭面"（理論的に正確な形体、TEF）が、単純な円弧面（R50）であるので、その公差域も、**解答図2**に示すように、公差域は比較的単純な形状となる。TEF が複雑な形状の場合は、その検証は難しくなるので、留意する必要がある。

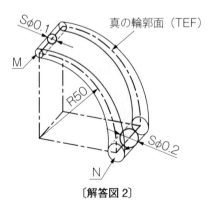

〔解答図2〕

《問題 NO.》	084	《関連規格》	ISO 1101、1660
《テーマ》		面の輪郭度で公差域の大きさを連続的に変化させる指示方法	
《キーワード》		面の輪郭度、一様変化する公差域	

【演習問題】

図1は先端が半径40 mmの半球状をした部品である。その設計意図は
「図2で示すように、指示したM部を始点に指示したN部を終点として、始点での公差値を0.1に終点での公差値を0.3とし、その間の公差値を一様に変化（増加）させることを要求する」
というものである。

その図示方法を示せ。

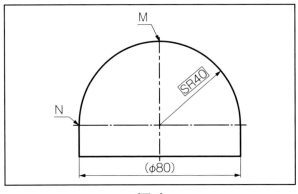

〔図1〕

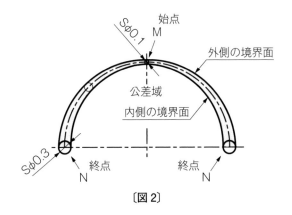

〔図2〕

問題 NO.	084	《キーワード》	面の輪郭度、一様に変化する公差値、区間指示記号

<解答>

　これも、P171 の問題と同様に、ISO 1101：2017 の規格によって、公差値を一様に変化する方法を用いた図示である。

　こちらも同様に、区間指示記号を公差記入枠の上に指示し、公差値の指示は、**解答図 1** に示すように、始点 M の公差値 0.1 と終点 N の公差値 0.3 を、ハイフン "－" を使って、指示する。

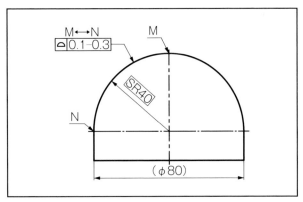

〔解答図 1〕

【補足】

　解答図 1 に加えて、指示部 N から下の部分の公差域を、仮に、一様の公差値 0.3 にして、この部品全体の形体の規制をしたい場合には、**補足図 1** のような図示になる。

　ここで、注意すべきは、始点 N から終点 P までは 2 つの形体から構成されているので、公差記入枠の上部に、記号 "UF" を付記することを忘れないこと。

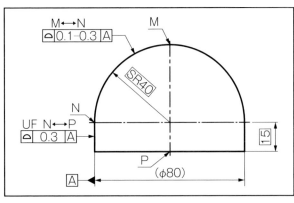

〔補足図 1〕

《問題 NO.》	085	《関連規格》	ISO 1101、2692、5459
《テーマ》		最大実体公差方式で共通データムを参照する場合の指示方法	
《キーワード》		位置度、面の輪郭度、最大実体公差方式Ⓜ	

【演習問題】

図1に示す形状の部品がある。その設計意図は
「一方の表面を第1次データム平面Aに、第2次データムとしては2個のφ6の円筒穴
とし、中央のφ20の円筒穴の軸線を位置度公差で、部品外形全周（P）を面の輪郭度
公差で規制したい。そのとき、位置度の公差値は円筒穴（φ20）のサイズ公差によっ
て、φ0～φ0.2までの変動を許すものとし、面の輪郭度については公差値は0.2とする。
また、いずれの形体も、データムBの浮動を許すものとする」
というものである。

この設計要求を満たす図示方法を示せ。

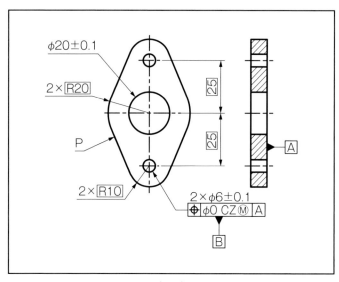

〔図1〕

<解答>

図1に対する要求事項を満たす図示は、**解答図1**のようになる。

この部品のデータム系は、第2次までの指示であるが、この段階で三平面データム系は確定している。共通データムB-Bは、2つの円筒穴の軸直線を含む平面と2つの軸直線の中間に位置する直線を設定する。その結果として、データム平面Aと2つの軸直線を含む平面、それらに直交し中間直線を通る平面の、三平面によるデータム系が確立する。

◆ $\phi 20$ の円筒穴の軸線の位置度指示について：

まず、穴のサイズ公差によって位置度公差を $\phi 0$ から 0.2 まで変動させるということなので、"0 Ⓜ" を用いることになり、データムBも浮動を許すということなので、参照するデータムにも "Ⓜ" が付く。

◆ 部品外形全周への面の輪郭度指示について：

この場合、全周は合計8個の形体から構成されているが、これらをあたかも1つの形体とみなして扱うので、公差記入枠の上部に、記号 "UF" を記入する。こちらも、データムBの浮動を許すので、参照するデータムBにも "Ⓜ" が付く。

なお、データムが共通データムの場合は、ここに示すように、"B-B" を（ ）で囲んで、その後に記号 "Ⓜ" を表記することになる。

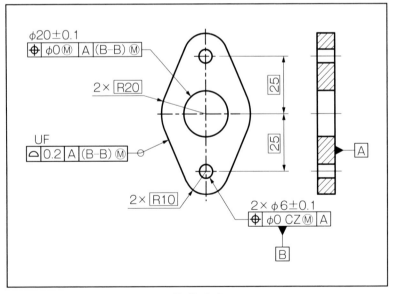

〔解答図1〕

《問題 NO.》	086	《関連規格》	ISO 1101、5458
《テーマ》		面の輪郭度を用いた複数形体に対する個別要求事項の指示方法	
《キーワード》		面の輪郭度、公差域、形状公差、姿勢公差、位置公差	

【演習問題】

図1の形状をした部品において、その内部のスロット（四角形の貫通穴）について、次の要求を満たさなければならないとする。

① 4つの平面を組合せて1つの形体とみなして、データム系（三平面データム系）|A|B|C| に対する"位置公差"を0.5とする。

② 4つの平面のそれぞれは、データム平面Aに直角で、形体同士が互いに直角という"姿勢公差"を0.3とする。

③ 4つの平面を、それぞれ単独に"形状公差"を0.1とする。

以上の要求を満足する"面の輪郭度"を用いた、明確な図示方法を示せ。

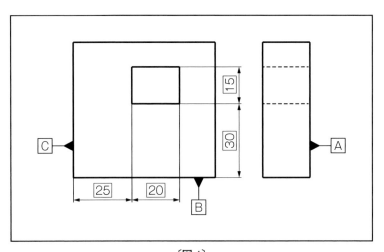

〔図1〕

問題 NO.	086	《キーワード》	面の輪郭度、公差域、CZ、CZR、SZ

<解答>

　問題の①～③までの要求事項を満足する図示は、**解答図1**のようになる。

　このスロットは、4つの平面形体からなる複数形体である。この場合、公差記入枠の指示線に全周記号"○"が付いているので、その4つの形体が規制対象であることを表している。

要求事項①：上から1段目の公差記入枠は、データムA、B、Cを参照とする、記号"CZ"付きの"面の輪郭度"指示となる。

要求事項②：データム平面Aに対して直角なので、参照データムはデータムAとなり、4つの平面形体は、位置拘束なしの姿勢拘束となるので、公差値の後には、記号"CZR"が付く。

要求事項③：4つの平面形体は単独に、形状公差を満たすということなので、公差値の後には、記号"SZ"を付ける。

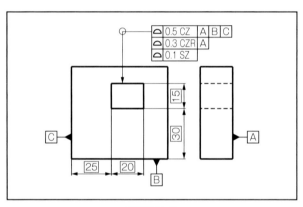

〔**解答図1**〕

　要求事項の①～③のそれぞれの公差域の状態は、**解答図2**のようになる。

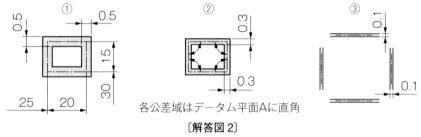

各公差域はデータム平面Aに直角

〔**解答図2**〕

【補足】

　記号"CZR"："combined zone rotational only"（姿勢拘束限定）位置拘束はせず、姿勢拘束のみを機能させることを意味する記号。公差値の後に記入して表す。

《問題 NO.》	087	《関連規格》	ISO 1101、5458
《テーマ》		誘導形体である軸線を規制する輪郭度公差の指示方法	
《キーワード》		輪郭度、誘導形体、軸線規制	

【演習問題】

図1は、直径 10±0.8（サイズ公差）が指示された、直線形体と曲線形体による複数の形体からなる複合円筒部品である。

この部品の軸線（中心線）に対して、図示寸法を"真の輪郭線"として、直径 0.5 mm の円筒内の公差域に規制する輪郭度公差を用いる図示方法を示せ。

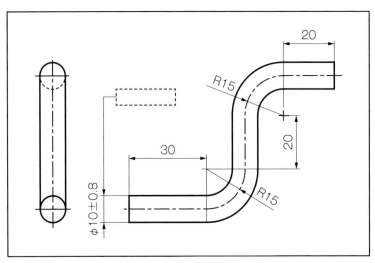

〔図1〕

【補足】

これは、輪郭度公差を用いて誘導形体を規制する、ISO の新しい指示方法に関するものである。従来は、ISO でも JIS でも、輪郭度公差で規制できる形体は、外殻形体のみであった。つまり、ISO 5458：2018 の規定による、新しい指示方法を求める問題である。

<解答>

図1に対する要求事項を満たす図示は、**解答図1**のようになる。

軸線（中心線）である誘導形体への幾何公差指示なので、公差記入枠の指示線は、寸法線の延長上に当てる。この場合の規制する形体は、区間 M から N までに存在する5つの形体（直線と曲線）であり、それを1つの形体とみなしての指示なので、公差記入枠の上に記号"UF"を指示し、更に、区間指示記号を用いて"M ←→ N"を指示する。

ここで用いる幾何公差は、"線の輪郭度"となる。公差域が直径 0.5 mm ということなので、公差値としては、"φ0.5"の指示となる。この公差域の状態を、**解答図2**に示す。

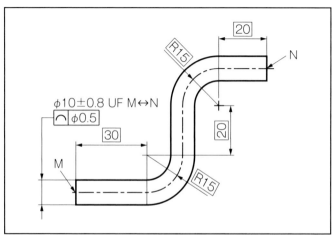

〔**解答図1**〕

【補足】

従来は、線の輪郭度でも、面の輪郭度においても、規制形体が外殻形体に限られていたので、公差値の前に記号"φ"が付くことは決してなかった。

ここに見るように、線の輪郭度公差で、誘導形体に対して、ある直径の円筒内に公差域を規制する場合には、記号"φ"を用いることになった。

今後は、注意が必要である。

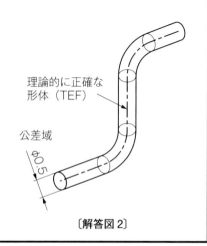

〔**解答図2**〕

《問題 NO.》	088	《関連規格》	ISO 1101、5458
《テーマ》		誘導形体である中心面を規制する輪郭度公差の指示方法	
《キーワード》		輪郭度、誘導形体、中心面規制	

【演習問題】

図1は、厚みが 10±0.8（サイズ公差）の直方体断面の平面形体と曲面形体による複数の形体からなる部品である。

この部品の厚み方向の中心面を"真の輪郭面"として、幅 0.5 mm の等間隔の二面内の公差域に規制する輪郭度公差を用いる図示方法を示せ。

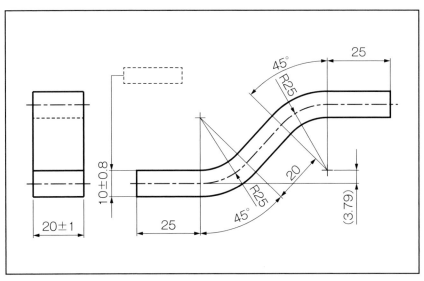

〔図 1〕

【補足】

これは、輪郭度公差を用いて誘導形体を規制する、ISO の新しい指示方法に関するものである。従来は、ISO でも JIS でも、輪郭度公差で規制できる形体は、外殻形体のみであった。

つまり、ISO 5458：2018 の規定による、新しい指示方法を求める問題である。

問題 NO.	088	《キーワード》	輪郭度、誘導形体、中心面の規制、UF

<解答>

図1に対する要求事項を満たす図示は、**解答図1**のようになる。

中心面である誘導形体への幾何公差指示なので、公差記入枠の指示線は、寸法線の延長上に当てる。この場合の規制する形体は、区間MからNまでに存在する5つの形体（平面と曲面）であり、それを1つの形体とみなしての指示なので、公差記入枠の上に記号"UF"を指示し、更に、区間指示記号を用いて"M ↔ N"を指示する。

ここで用いる幾何公差は、"面の輪郭度"となる。公差域が幅0.5mmということなので、公差値としては、"0.5"の指示となる。この公差域の状態を、**解答図2**に示す。

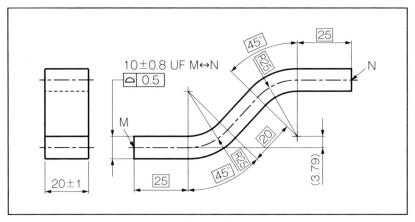

〔**解答図1**〕

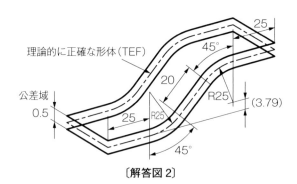

〔**解答図2**〕

《問題 NO.》	089	《関連規格》	ISO 1101
《テーマ》		公差域を不均等配分する面の輪郭度の指示方法	
《キーワード》		面の輪郭度、公差域、不均等配分	

【演習問題】

図1は、はめあわせて使う組立品を構成する部品 A（穴部品：内側形体）と部品 B（軸部品：外側形体）である。

はめあいの基準となる設計形体を図(c)として、組み立てのはめあいは、最小隙間を 0 mm（隙間なし）とし、最大隙間を 0.1 mm とする。

この設計意図を表す"面の輪郭度公差"を用いた図示方法を示せ。

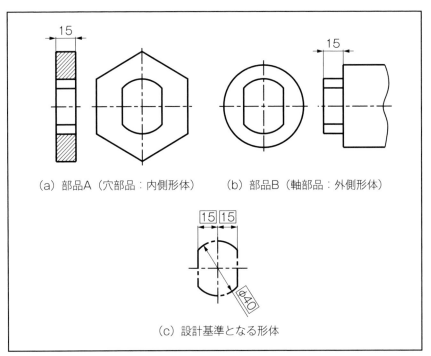

(a) 部品A（穴部品：内側形体）　　(b) 部品B（軸部品：外側形体）

(c) 設計基準となる形体

〔図 1〕

【補足】

従来、輪郭度公差は、基準の輪郭に対して、公差域を両側に均等に配分するものであった。ISO 規格の新たな規定により、基準の輪郭に対して両側に公差域を任意に配分できるようになった。これは、その規格を用いた図示方法を求めている。

問題 NO.	089	《キーワード》	面の輪郭度、公差域、不均等配分、はめあい、UF、UZ

<解答>

　図1の要求事項を満たす穴部品と軸部品の図示は、**解答図1**のようになる。

　規制対象の形体は、穴部品も軸部品も、ともに4つの形体からなるものであるから、公差記入枠の上部に、記号"UF"を指示する。この"小判状"をした複数形体を1つの"結合形体"として扱うのである。

　この場合、TEDで指示したこの結合形体が、理論的に正確な形体（TEF）となる。穴部品にとっても、軸部品にとっても、その公差域は"すべて実体の存在する側"に全量がシフトした形になる。つまり、実体の体積を減らす方向である。公差域の中心のオフセット量は、公差値の半分なので、記号"UF"の後に指示する数値は、いずれも"−0.025"となる。

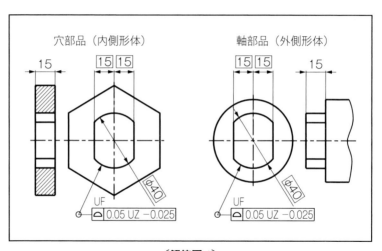

〔**解答図1**〕

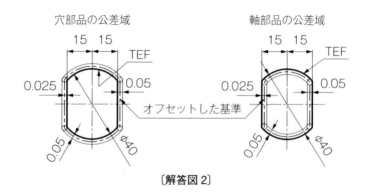

〔**解答図2**〕

《問題 NO.》	090	《関連規格》	ISO 1101、5458
《テーマ》	\multicolumn{3}{l}{複数形体に対する公差値の異なる位置度公差の指示方法}
《キーワード》	\multicolumn{3}{l}{位置度、パターン公差域、内部拘束}

【演習問題】

　図1に示す部品がある。側面図の右側の表面を第1次データム平面Aに、部品中央の直径16 mmの円筒穴を第2次データムBにして、部品内の2つの直径8 mmと直径10 mmの円筒穴を位置度公差で規制したい。かつ、この3つの円筒穴（2つの $\phi8$ と1つの $\phi10$ の複数形体）は、**図2**に示すように、相互の関係を維持するような位置公差に規制したい。これが設計意図である。

　これを明確に表す図示方法を示せ。

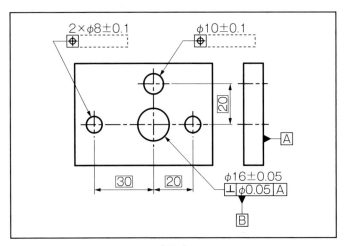

〔図1〕

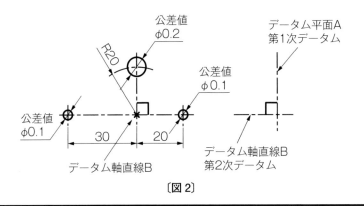

〔図2〕

<解答>

図1の要求事項を満たす図示は、**解答図1**のようになる。

$\phi 8$ mm の円筒穴は複数の形体が規制対象なので、記号"CZ"を用いて指示する。この場合、2つの$\phi 8$の円筒穴と$\phi 10$の円筒穴は、TEDで指示した真位置を中心に、指定の公差域内にそれぞれが拘束されていなければならないので、それぞれの公差記入枠の脇に、記号"SIM"を付記する。この記号は、それが指示された幾何公差同士が、同時に指定された公差域の中に、位置拘束されていることを要求する。つまり、問題文の図2に示す公差域の中にきちんと収まっていることを要求している。

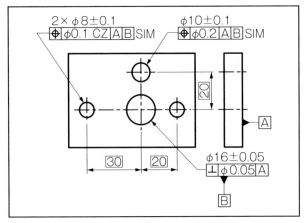

〔解答図1〕

【補足】

解答図1において、仮に記号"SIM"の指示をせず、下の**補足図1**のように図示した場合の公差域の解釈は、**補足図2**のようになる。

記号"SIM"がないことにより、$2 \times \phi 8$と$\phi 10$との間には、直角という姿勢拘束は作用しないことを意味している。

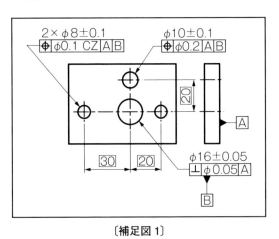

〔補足図1〕

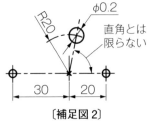

〔補足図2〕

《問題 NO.》	091	《関連規格》	ISO　1101、5458
《テーマ》	公差値の異なる位置度公差指示を相互に関係付ける指示方法		
《キーワード》	位置度、公差値、同時要求		

【演習問題】

図1の指示で表したい設計意図は、次のものである。

「部品内の、3つの直径6mmの円筒穴への位置度公差規制と、別の3つの直径8mmの円筒穴への位置度公差規制とを、互いに位置関係を維持しながら、同時に満足することを要求する」

この図示のままでは、それを十分に表現しきれていない。

その設計意図を、明確に表す図示方法を示せ。

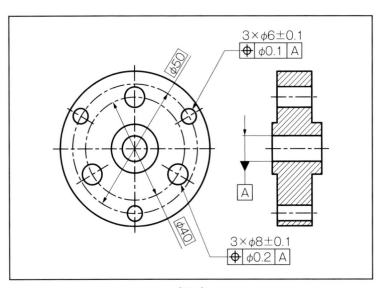

〔図1〕

【補足】

これは、公差域の形は同じ（円筒）だが、公差値が異なる（φ0.1 と φ0.2）2種類の幾何公差指示を、同時に満足することを要求する場合の指示方法である。

なお、これは ISO 5458：2018 において規定された、新しい指示方法である。

<解答>

図1の要求事項を満たす図示は、**解答図1**のようになる。

この場合、直径が異なる2組の、3つの形体からなる複数形体に対して、それぞれ1つの公差記入枠を用いての指示方法である。

まず、それぞれの公差記入枠の中の公差値の指示の後に記号"CZ"を記入する。

次に、この2つの指示は、幾何公差は同じ位置度公差であるが、公差値が異なるものである。この2組の合計6個の形体に対して、図示した真位置に指示した公差域の中心を要求している。したがって、この2つの公差記入枠の脇に、それぞれ、記号"SIM"を追記する。これによって、規制対象の6つの形体は、形体同士の"内部拘束"とデータムAに対する"外部拘束"の両方を要求していることを表していることになる。

この場合、同時要求する公差指示は1対（1ペア）だけなので、符号（番号）を付けない"SIM"だけの指示で構わない。同時要求の指示が複数ある場合には、"SIM1"、"SIM2"のように、きちんと符号（番号）を付け識別する。

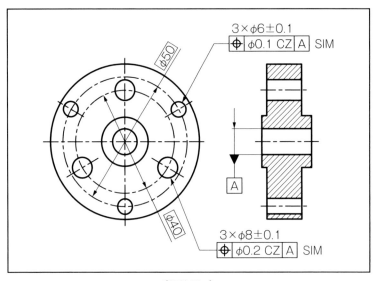

〔解答図1〕

《問題 NO.》	092	《関連規格》	ISO 1101、5458、5459
《テーマ》		公差域の形が異なる複数形体に対する同時要求の指示方法	
《キーワード》		位置度、対称度、パターン公差域、同時要求	

【演習問題】

図1の指示で表したい設計意図は、次のものである。

1) 1つの直径12の円筒穴の軸線をデータム軸直線Aとする
2) 2つの幅10の中心面を1組の公差域として、一方向の位置度公差0.1で規制する
3) 2つの直径8の軸線を1組の公差域として方向を定めない位置度公差 φ0.1 で規制する
4) （上記2つの）公差域の形が異なる2つの規制を同時に満足することを要求する

しかし、この図示では、その要求内容を表していない。
その設計意図を正確に表す図示方法がどうなるか示せ。

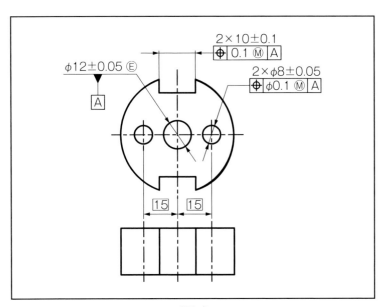

〔図1〕

【補足】

これは、公差域の形が異なる2種類の幾何公差指示を、同時に要求する場合の指示方法である。

なお、これは ISO 5458：2018 において規定された、新しい指示方法である。

<解答>

図1の要求事項を満たす図示は、**解答図1**のようになる。この場合、公差域の形と公差値が異なる2組の複数形体に対して、それぞれ1つの公差記入枠を用いて指示する問題である。まず、1つの公差指示で、2つの複数形体の指示であるから、公差記入枠の中の公差値の指示の後に記号"CZ"を記入する。次に、この2つの指示は、幾何公差は同じ位置度公差であるが、公差域の形と値が異なるものである。この2組の合計4個の形体に対して、図示した真位置に指示した公差域の中心を要求している。したがって、この2つの公差記入枠の脇に、それぞれ、記号"SIM"を追記する。これによって、規制対象の4つの形体は、形体同士の"内部拘束"とデータムAに対する"外部拘束"の両方を要求していることを表したことになる。この場合も、同時要求する公差指示は1対（1ペア）だけなので、符号（番号）を付けない"SIM"だけの指示で構わない。

この図示における公差域の状態を、**解答図2**に示す。

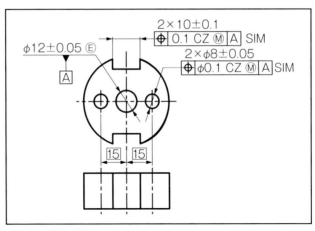

〔解答図1〕

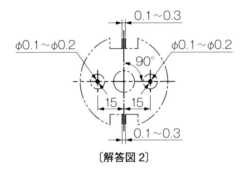

〔解答図2〕

《問題 NO.》	093	《関連規格》	ISO 1101、5458、5459
《テーマ》			離れて存在する2組のパターン形体に対する指示方法
《キーワード》			位置度、パターン公差域

【演習問題】

図1の図示で表したい設計意図は、次のようなものである。

「左右にそれぞれある2つの円筒穴の軸線をデータムA、データムBとし、それを参照して、左側面にある3つの直径6の円筒穴の軸線を位置度公差 φ0.1 に規制し、右側面にある3つの直径4の円筒穴の軸線を位置度公差 φ0.2 に規制する。その左右の位置度公差規制は、互いに独立した要求として満たせばよい」

これらの公差域の状態を、図2に示す。

この図示では、位置度公差指示が一切されていないので、要求内容も満たしていない。この設計意図を正確に表す図示がどうなるか示せ。

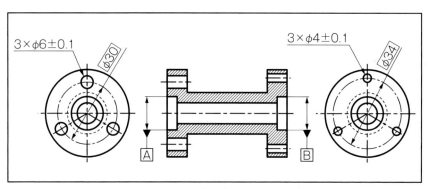

3×φ6±0.1　　φ30　　3×φ4±0.1　　φ34

A　　B

〔図1〕

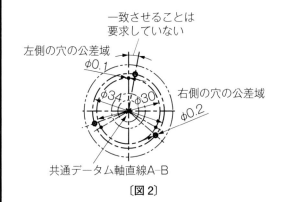

一致させることは
要求していない

左側の穴の公差域
φ0.1

φ34　φ30

右側の穴の公差域

φ0.2

共通データム軸直線A–B

〔図2〕

【補足】

これは、公差域の形は同じだが、公差値が異なる2種類の幾何公差指示を、それぞれ個別に満たすことを要求する場合の指示方法である。

<解答>

図1の要求事項を満たす図示は、**解答図1**のようになる。

これは、公差域の形は同じ（円筒）だが、公差値が異なる（φ0.1 と φ0.2）2 組の形体に対する指示である。

この 2 つの要求は、それぞれ個別に受け止め、独立して検証すればよいとする要求である。それぞれは、1 つの公差記入枠を用いて、3 つの複数形体に対する指示なので、公差記入枠の中の公差値の指示の後に記号 "CZ" を付記する。

この解答図1の図示では、2 組の公差指示相互の関係は、何ら要求していない。図2 に示すように、左側と右側の公差域のパターンを一致させることまでは要求していないのである。

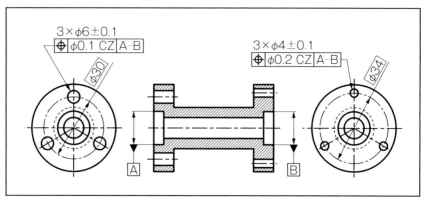

3×φ6±0.1
⊕ φ0.1 CZ A-B

3×φ4±0.1
⊕ φ0.2 CZ A-B

φ30

φ34

A

B

〔解答図 1〕

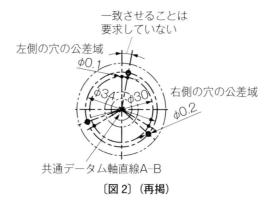

一致させることは
要求していない

左側の穴の公差域
φ0.1

右側の穴の公差域
φ0.2

φ34 φ30

共通データム軸直線A-B

〔図 2〕（再掲）

《問題 NO.》	094	《関連規格》	ISO 1101、5458、5459
《テーマ》			離れて存在する2組のパターン形体に対する同時要求の指示方法
《キーワード》			位置度、パターン公差域、同時要求

【演習問題】

図1の図示で表したい設計意図は、次のようなものである。

「左右にある2つの円筒穴の軸線をデータム A、データム B とし、それを参照して、左側面にある3つの直径6の円筒穴の軸線を位置度公差 $\phi 0.1$ に規制し、右側面にある3つの直径4の円筒穴の軸線を位置度公差 $\phi 0.2$ に規制する。加えて、その左右6つの軸線の位置度公差規制を、同時に満たすこと」

これらの公差域の状態は、**図2**に示すものである。

この図示では、位置度公差指示が一切されていないので、要求内容も満たしていない。この設計意図を正確に表す図示はどうなるか示せ。

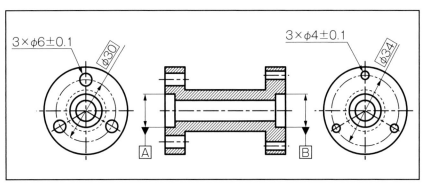

〔図1〕

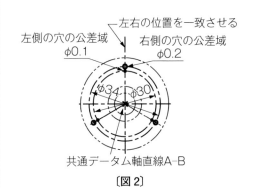

〔図2〕

【補足】

これは、公差域の形は同じだが公差値が異なる2種類の幾何公差指示を、同時に満足することを要求する場合の指示方法である。ISO 5458：2018 において規定された、新しい指示方法である。また、CZ（Combined zone）の使い方も、現 JIS にはないものである。

<解答>

　図1の要求事項を満たす図示は、**解答図1**のようになる。

　これは、公差域の形は同じだが、公差値が異なる2組の複数形体に対して、それぞれ1つの公差記入枠を用いて、その2組の要求を同時に満足させることを求めるものである。まず、1つの公差記入枠の指示で、3つの複数形体の指示なので、公差記入枠の中の公差値の指示の後に記号"CZ"を付記する。

　それぞれ3つずつ、合計6つの形体は、暗黙のTED（120°均等配分）、明示的TEDによって指示された真位置を中心に、指示した公差域内に、同時拘束されるので、2つの公差記入枠の脇に、記号"SIM"を記入する。

　これによって、図2に示すように、6つの円筒穴の軸線は、"内部拘束"と"外部拘束"の両方の拘束を受けて規制されることになる。

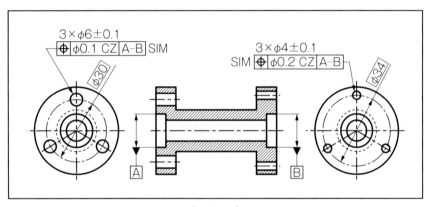

〔解答図1〕

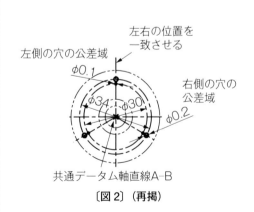

〔図2〕（再掲）

【補足】公差記入枠の脇に指示する記号"SIM"は、下の**補足図1**に示すいずれかの位置に置いて用いる。

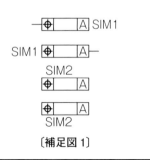

〔補足図1〕

《問題 NO.》	095	《関連規格》	ISO 1101、5458、5459
《テーマ》	離れて複数ある同じパターン公差域への同時要求の指示方法		
《キーワード》	位置度、パターン公差域、同時要求		

【演習問題】

図1の指示で表したい設計意図は、次のようなものである。

「左右にそれぞれある2つの円筒穴の軸線をデータムA、データムBとし、それを参照して、左右の側面にある3つの直径6の円筒穴の軸線に対して、両方のパターン公差域を1組として位置度公差 φ0.3 に規制し、左右のパターン公差域をそれぞれ個別に扱い、それを位置度公差 φ0.1 に規制する」

この図示における位置度公差の公差値の後の "＊1" と "＊2" に所定の記号を指示することで、この設計要求を満たす指示になる。

その図示とは、どのようなものかを示せ。

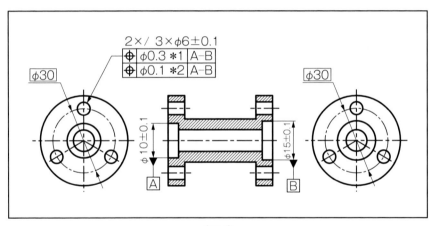

〔図1〕

【補足】

これは、6つの形体に対して、公差域の形は同じだが、異なる2つの公差値を、それぞれ使い分ける幾何公差指示である。

なお、これは ISO 5458：2018 において規定された、新しい指示方法である。

<解答>

　図1の要求事項を満たす図示は、**解答図1**のようになる。ここでは、規制する形体が全部で6個あるが、そのうち片側の3個の形体（1つのパターンとみなせる）については、一緒に満たすべき"大きな公差域（値）"と、それぞれ別個に満足すればよい"小さな公差域（値）"にわけて要求するものである。

　まず、φ6の穴を3個ずつ2組に分けて要求するので、個数表記で、2組を表す"2×"を先に、半角スペースを空け、3個を表す"3×"を指示し、最後にサイズ公差を指示する。

　公差記入枠は2段にして、上段には、6個すべてが満たすべき"大きな公差値"を指示し、2組と3個のそれぞれが"組合せ公差域"であるので、記号"CZ"を2つ連続して指示する。下段には、"小さな公差値"を指示し、2組は相互には無関係（独立）であるので記号"SZ"で指示し、1組の中の3つの形体については"組合せ公差域"であるので記号"CZ"を指示する。これらの公差域の状態を示すのが、**解答図2**である。

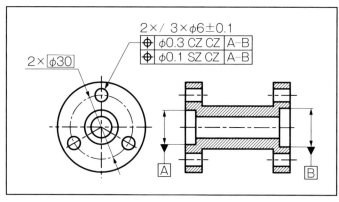

〔解答図1〕

(a) 6個の穴の公差域
（大きな公差値）

共通データム軸直線A-B

(b) 1組内3個の穴の公差域
（小さな公差値）

共通データム軸直線A-B

(c) 大小の公差域の関係
（大きな公差値を
はみ出さない）

共通データム軸直線A-B

〔解答図2〕

《問題 NO.》	096	《関連規格》	ISO 1101、2692、5459
《テーマ》		極限で隙間なしではまり合う軸部品と穴部品の公差設定	
《キーワード》		ゼロ幾何公差方式、真直度、隙間、動的公差線図	

【演習問題】

図1は、(a)部品1（軸部品）と(b)部品2（穴部品）の2つの部品に対する図示である。

部品2に、部品1が挿入されて使用されるものとする。

はめあいの極限状態で隙間なしにしたい。

部品1の軸部の直径の図示サイズ A はいくつになるか、計算して求めよ。

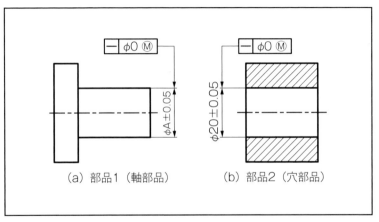

〔図1〕

【ヒント】

部品1（軸部品）と部品2（穴部品）について、それぞれの"動的公差線図"を描くことで、部品1の軸部の直径に対する、"上の許容サイズ"と"下の許容サイズ"が明らかになる。

問題 NO.	096	《キーワード》	ゼロ幾何公差方式、真直度、はめあい、動的公差線図、Ⓜ

<解答>

　図示サイズＡの値を検討する際、最もわかりやすい方法としては、この軸部品と穴部品に関する"動的公差線図"を利用する方法がある。この場合の動的公差線図は、**解答図 1** のようになる。右側の線図が穴部品〔図1(b)〕についてのもので、図示サイズ 20.0 mm を中央値にして 19.95～20.05 mm まで変動することを表している。そして、サイズが 19.95 mm（MMS）のときは、真直度は公差記入枠で指示している値の φ0 で、20.05 mm（LMS）では、真直度は φ0.1 を表している。

　相手部品である軸部品の動的公差線図は、図の左側になる。

　"はめあいの極限状態で隙間なし"ということは、双方がともに最大実体状態（MMC）つまり最大実体サイズ（MMS）のときは、幾何公差（真直度）は 0（ゼロ）ということである。

　したがって、図もサイズ 19.95 mm のときは 0（ゼロ）になっている。サイズ公差は 0.1 なので、軸部品の軸のサイズは、19.85～19.95 mm となる。この場合、サイズの許容差を中央振り分けにしているので、そのサイズ中央値は 19.9 mm となる。これが軸部品の図示サイズＡの値であり、これが答えである。それを、**解答図 2** に示す。

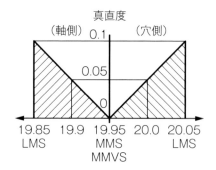

〔解答図 1〕動的公差線図

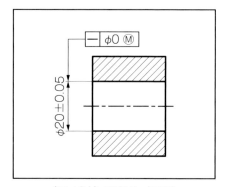

〔図 1(b)〕穴部品（再掲）

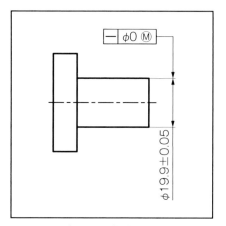

〔解答図 2〕軸部品

《問題 NO.》	097	《関連規格》	ISO 1101、2692、5459、JIS B 0023
《テーマ》		極限で隙間なしではまり合う軸部品と穴部品の公差設定	
《キーワード》		位置度、最大実体公差方式、はめあい、軸部品、穴部品	

【演習問題】

図1は、(a)部品1（軸部品）と(b)部品2（穴部品）の2つの部品に対する図示である。部品1は、部品2に挿入されて使用される。ただし、はめあいの極限状態で、干渉なし隙間なしにしたい。

部品1と部品2の位置度公差の公差値 "T1" と "T2" を計算して求めよ。

ただし、公差値 T1 と T2 とを同じ値とする。

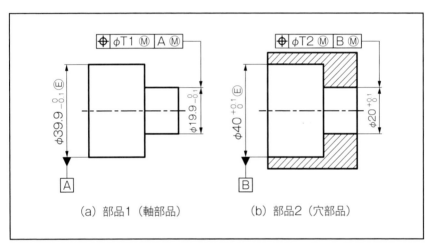

〔図1〕

【補足1】

部品1（軸部品）と部品2（穴部品）について、軸部、穴部のそれぞれの最大実体状態のサイズ（最大実体サイズ）を比較することで、許容される幾何公差の公差値の総和が明らかになる。

【補足2】

部品1（軸部品）の最大実体サイズ（MMS）は、次のようになる。

データム形体（F1）= 39.9、規制形体（F2）= 19.9

部品2（穴部品）の最大実体サイズ（MMS）は、次のようになる。

データム形体（H1）= 40、規制形体（H2）= 20

これら F1、F2、H1、H2 から、T1、T2 を求めることになる。

| 問題 NO. | 097 | 《キーワード》 | 位置度、最大実体公差方式、はめあい、軸部品、穴部品、Ⓜ |

<解答>

この場合のはめあいの公差計算には、下の公式（式1）を用いる。

なお、記号は、次の**解答図1**に示すものである。

$$H1 + H2 = F1 + F2 + T1 + T2 \qquad （式1）$$

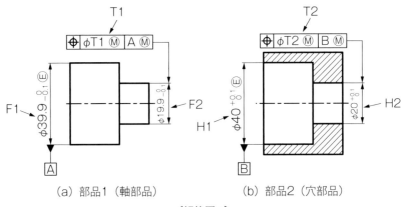

〔**解答図1**〕

(a) 部品1（軸部品）　　　　(b) 部品2（穴部品）

$$T1 + T2 = H1 + H2 - (F1 + F2) = 40 + 20 - (39.9 + 19.9) = 60 - 59.8 = 0.2$$

公差値の T1 と T2 とを同じ値にするということなので、

T1 = T2 = 0.1 となる。

問題の図1に、この数値を入れて表したのが、**解答図2**である。

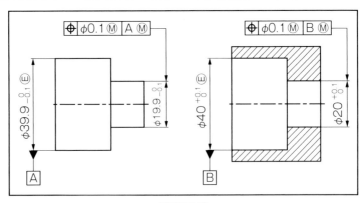

〔**解答図2**〕

【補足】

この公式は、ASME Y14.5 に示されている式であり、最大実体公差方式を用いる位置度公差には有効なものである。

《問題 NO.》	098	《関連規格》	ISO 1101、2692、5459、JIS B 0023
《テーマ》		極限で隙間なしではまり合う部品同士の組立における公差設定	
《キーワード》		位置度、最大実体公差方式、はめあい	

【演習問題】

図1は、部品内に1つの軸部と穴部をもつ部品Aである。この部品Aは、図2に示すように、同じ部品を互いに軸部と穴部をはめあい接合して使用するものとする。

図3のように図示する場合、軸部の位置度公差の値"T"は、幾つにするのが適切か、計算して求めよ。

ただし、はめあいの極限状態で、干渉なし隙間なしとする。

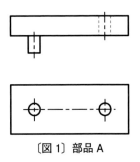

〔図1〕部品A

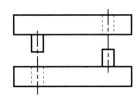

〔図2〕部品Aの組合せ

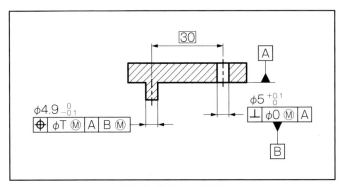

〔図3〕部品Aの図示

【補足】

この問題は、先の問題097（P199）の同軸上の状態を、TED30の距離に位置する軸と穴に置き換えたものである。

<解答>

この場合にも、はめあいの公差計算には、先の公式（式 1）が利用できる。

記号は、次の**解答図 1** のようになる。

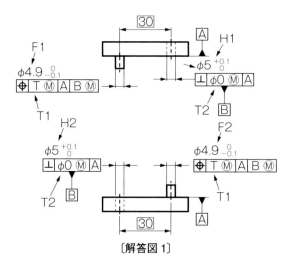

〔**解答図 1**〕

ただし、この 2 つの部品は全く同一の部品の "はめあい" であるので
T1 + T2 = 2T となる。したがって、

$2T = H1 + H2 - (F1 + F2) = 5 + 5 - (4.9 + 4.9) = 10 - 9.8 = 0.2$、$T = 0.1$

つまり、軸の位置度公差は、$\phi 0.1$　となる。

結局、部品 A の図示は、次の**解答図 2** のようになる。

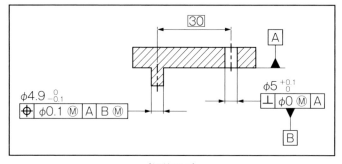

〔**解答図 2**〕

《問題 NO.》	099	《関連規格》	ISO 1101、2692、JIS B 0023
《テーマ》		最大実体公差方式Ⓜにおける検証ゲージ	
《キーワード》		位置度、平行度、最大実体公差方式Ⓜ、機能ゲージ	

【演習問題】

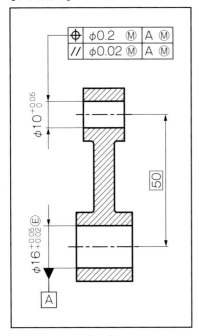

〔図1〕

図1の指示によって製作された部品がある。その部品の合否判定をする検証ゲージについて答えよ。

<問1>
直径16の円筒穴のデータムAの検証ゲージの設計寸法を示せ。

<問2>
直径10の平行度を検証する機能ゲージについて、どのような形と設計寸法になるかを示せ。

<問3>
直径10の位置度を検証する機能ゲージの設計寸法を示せ。

【補足】
《直径16の円筒穴について》
　包絡の条件Ⓔ付きのサイズ公差指示に加えて、データムAが指定されている。
《直径10の円筒穴について》
　サイズ公差を持ち、「最大実体公差方式」Ⓜを指定した位置度と平行度が指示されている。さらに、参照するデータム軸直線Aに対してもⓂが指定されている。両者にⓂが指示されているので、検証ゲージは比較的容易なものになる。
《直径10の円筒穴の検証ゲージについて》
　位置度と平行度の検証ゲージは、別個のゲージにするのがよい。

<問 1 の解答>

　直径 16 の円筒穴には、包絡の条件Ⓔが指示されていて、かつデータム A に指定され、データム参照においてもⓂが指定されている。したがって、この円筒穴に挿入される検証ゲージは、φ16.02 でなければならない。これは、最大実体状態のサイズの軸であり、それは**解答図 1** となる。

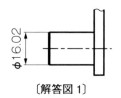

〔解答図 1〕

<問 2 の解答>

　この場合の平行度公差は φ0.02 であり、穴の最大実体サイズは φ10.0 なので、この穴にはまり合う軸ゲージの直径は、φ9.98（＝ 10.0 － 0.02）となる。これが、データム軸直線 A と常に平行を保ちながら、位置度公差の公差域内を可動できるようになっている必要がある。したがって、検証ゲージの形状は、**解答図 2** となる。

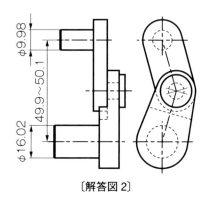

〔解答図 2〕

<問 3 の解答>

　位置度公差は φ0.2 であり、穴の最大実体サイズは φ10.0 なので、この穴にはまり合う軸ゲージの直径は、φ9.8（＝ 10.0 － 0.2）となる。これが、データム軸直線 A と間隔 50 mm を保った状態で、円筒穴に挿入されるようになっていればよい。

　つまり、この検証ゲージは、**解答図 3** となる。

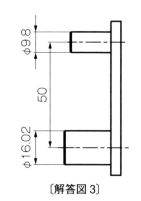

〔解答図 3〕

《問題NO.》	100	《関連規格》	ISO 1101、2692、5459、JIS B 0023、0029
《テーマ》		Ⓜと🅿が指示された円筒穴とねじ穴がある部品の検証ゲージ	
《キーワード》		位置度、最大実体公差方式Ⓜ、🅿、共通データム、機能ゲージ	

【演習問題】

図1に示す部品がある。次の問いに答えよ。

<問1>

4個のデータムBを検証する機能ゲージの設計寸法を示せ。

<問2>

データムAとデータムBを参照する、部品中央にある4個の直径5.5 mmの円筒穴を検証する機能ゲージの設計寸法を示せ。

<問3>

データムAとデータムBを参照する、部品中央にある3個のM8のねじ穴を検証する機能ゲージについて、その形と設計寸法がどうなるか示せ。

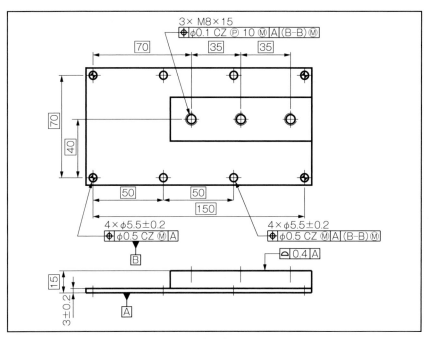

〔図1〕

【補足】記号🅿と記号Ⓜについて

その併記方法はASME規格の規定を採用し、その表示順序についてはISO規格の規定を採用している。

<解答>

<問 1 の解答>

4 個のデータム B を構成する
データム形体（円筒）を検証す
る機能ゲージを、**解答図 1** に示
す。

直径 4.8 mm の円筒軸で、そ
の長さは 3.2 mm 以上を確保す
るものとなる。

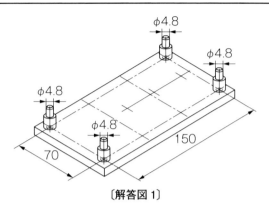

〔解答図 1〕

<問 2 の解答>

規制対象の 4 個の円筒穴を検
証する機能ゲージは、直径
4.8 mm の円筒軸で、その長さ
は 3.2 mm 以上を確保するもの
となる（**解答図 2**）。

ゲージ基板に着脱できる形状
のものであれば、データム B を
検証する機能ゲージと同様でよ
い。

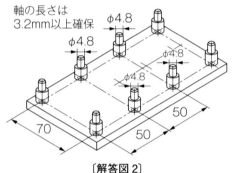

〔解答図 2〕

<問 3 の解答>

3 個の M8 のねじの突出公差
域、突出長さ 10 mm の検証には、
解答図 3 に示す "ねじピンゲー
ジ" が必要である。

解答図 4 に示すように、4 個
のデータム B の機能ゲージの挿
入された基板ゲージに、この
"ねじピンゲージ" を差し込ん
で検証することなる。

基板の板厚は 10 mm 以上を
確保する。

なお、解答図 4 の基板ゲージ
はこの図示状態から反転させて
使用するものである。

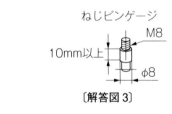

〔解答図 3〕

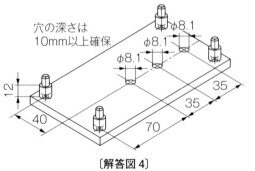

〔解答図 4〕

【用語集】（1）

幾何公差（geometrical tolerance）：形状・姿勢・位置、および振れの幾何偏差に許容値を付けたもの。

形体（feature）：点、線、面。

データム（datum）：関連形体に幾何公差を指示するときに、その公差域を規制するために設定した理論的に正確な幾何学的基準。点、直線、軸線、平面、中心面の場合には、それぞれデータム点、データム直線、データム軸直線、データム平面、データム中心平面と呼ぶ。

共通データム（common datum）：2つ以上のデータム形体によって設定される単一のデータム。

データム系（datum system）：優先順位が指定された2つ以上のデータム形体によって設定されるデータムの組合せ。部品が有する6自由度を拘束する役割を持ち、部品に要求する直角座標系の基礎となる。特に、互いに直交するデータム平面によって構成されるデータム系を"三平面データム系"と呼ぶ。

データム形体（datum feature）：データムを設定するために用いる対象物の実際の形体。部品の表面、穴など。

サイズ形体（feature of size）：長さサイズ、または角度サイズによって定義される幾何学的な形状。円筒、球、相対する平行二平面、円すい、くさびなど。

サイズ公差（size tolerance）：上の許容サイズと下の許容サイズの差。

外殻形体（integral feature）：表面または表面上の線で、対象とする実体のある形体。

誘導形体（derived feature）：1つ以上の外殻形体から導かれた中心点、中心線、中心面。例えば、球の表面から導かれる中心点、円筒の表面から導かれる中心線。

理論的に正確な寸法、TED（theoretically exact dimension）：形体の位置や方向を幾何公差を用いて指示するときに、その理論的な輪郭、位置、方向を決めるための基準とする正確な寸法。一般に、TED（テッド）という。

包絡の条件（envelope requirement）：円筒面や平行二平面からなるサイズ形体の実体が、最大実体サイズをもつ完全形状の包絡面を超えてはならないという条件。ASME規格では「**包絡原理**（envelope principle）」という。

公差域（tolerance zone）：公差付き形体が、その中に収まるように指示した幾何公差によって定まる領域。1つ、または2つの理想的な線や表面に囲まれて、1つ以上の長さ寸法で特徴付けられる限界をもつ領域のこと。

形状公差（form tolerance）：幾何学的に正しい形状（例えば、平面）をもつべき形体の形状偏差に対する幾何公差。

姿勢公差（orientation tolerance）：データムに関連して、幾何学的に正しい姿勢関係（例えば、平行）をもつべき形体の姿勢偏差に対する幾何公差。

位置公差（location tolerance）：データムに関連して、幾何学的に正しい位置関係（例えば、同軸）をもつべき形体の位置偏差に対する幾何公差。

振れ公差（run-out tolerance）：データム軸直線を中心とする幾何学的に正しい回転面がもつべき形体の振れに対する幾何公差。

6自由度（six degrees of freedom）：部品が3次元空間内に有する移動と回転の自由度で、データム座標系のXYZ軸に沿った移動の自由度3つとXYZ軸回りの回転の自由度3つの計6つの自由度のこと。

直角座標系（rectangular coordinate system）：三平面データム系に対応させて設定される右手直角座標系。X、Y、Z軸を矢印と識別文字X、Y、Zで図示する。

【用語集】（2）

2点間サイズ（two-point size）：サイズ形体から得られた相対する2点間の距離を表したもの。局部サイズの中の1つ。

加工物の実表面（real surface of a workpiece）：実際に存在し、空気に触れる境界をなす形体。

実（外殻）形体〔real（integral）feature〕：加工物の実表面の外殻形体

図示外殻形体（nominal integral feature）：図面または他の関連文書によって定義された理論的に正確な外殻形体。

測得外殻形体（extracted integral feature）：規定された方法に従って測定された実（外殻）形体。

当てはめ外殻形体（associated integral feature）：測得外殻形体から規定された方法に従って当てはめた完全形状の外殻形体。

最大実体公差方式（maximum material requirement）（**MMR**）：サイズ公差と幾何公差との間の相互依存関係を、最大実体状態を基にして与える公差方式。

最大実体状態（maximum material condition）（**MMC**）：形体のどこにおいても、その形体の実体が最大となるような許容限界サイズの状態。たとえば、最大の軸径、最小の穴径をもつ形体の状態。その許容限界サイズが、**最大実体サイズ**。

最大実体実効状態（maximum material virtual condition）（**MMVC**）：対象としている形体の最大実体サイズと、その形体の姿勢公差または位置公差との総合効果によって生じる完全な形状をもつ限界。**最大実体実効サイズ**は、外側形体の場合については、最大許容サイズに姿勢公差または位置公差を加えたサイズ。内側形体については、最小許容サイズから姿勢公差または位置公差を減じたサイズ。

完全形状（perfect form）：幾何学的な偏差をもたない形状。

機能ゲージ（functional gauge）：最大実体実効状態を検証するゲージで、組み付く相手となる部品との最悪状態をチェックするゲージ。限界ゲージの一種。

限界ゲージ（limit gauge）：穴または軸の上の許容サイズを基準とする測定端面と下の許容サイズを基準とする測定端面をもつゲージ。通り側と止まり側をもつ。

データムターゲット（datum target）：データムを設定するために、加工、測定および検査の装置・器具などを接触させる対象物上の点、線、または限定した領域。

実用データム形体（simulated datum feature）：データム形体に接してデータムの設定を行う場合に用いる、十分に精密な形状をもつ実際の表面（定盤、軸受、マンドレルなど）。

ゼロ幾何公差方式（zero maximum material requirement）：サイズ公差と幾何公差との間の相互依存関係を、最大実体状態を基にして与える公差方式のうち、最大実体サイズにおける幾何公差の値をゼロとしたもの。

動的公差線図（dynamic tolerance diagram）：形体サイズと理論的に正確な位置からの許容偏差との間の関係を説明している線図。

真位置（true position）：位置度公差を指示した形体があるべき基準とする正確な位置。

区間指示記号（between symbol）：限定した部分の始まりと終わりをそれぞれ文字記号で指定し、記号←→をその2つの文字記号で挟んで用いる指定区間を表す記号。

【用語集】（3）

注）以下の用語は、対応 JIS が制定されていないので、対応日本語は仮称とする。

theoretically exact feature, TEF（**理論的に正確な形体**）：理想形状、サイズ、姿勢、位置を
もつ図示形状。

intersection plane（**交差平面**）：測得表面上の線、または測得線上の点とみなされる、加工
物の測得形体から設定される平面。

orientation plane（**姿勢平面**）：公差域の姿勢を特定する、加工物の測得形体によって設定さ
れる平面。

direction feature（**方向形体**）：局部偏差の方向を特定する、加工物の測得形体によって設定
される理想形体。

compound continuous feature（**複合連続形体**）：互いに段差なく結合した複数の単独形体か
らなる形体。閉じた状態と開いた状態のものがある。閉じた状態のものには全周記号などが
使われる。

collection plane（**集合平面**）：加工物の図示形体によって設定される閉じた状態の複合連続
形体を定義する平面。

tolerance zone pattern（**パターン公差域**）：姿勢と位置の拘束、または位置の拘束のある、
相互に順位があったりなかったりする 1 つ以上の公差域の組合せ。

combined zone（**組合せ公差域**）：パターン公差域が個々の公差域間の姿勢と位置の拘束を
要求する場合の公差域。記号 "CZ" を用いて指示する。

internal constraint（**内部拘束**）：パターン公差域の個々の公差域の間における位置拘束、お
よび、または姿勢拘束のこと。

external constraint（**外部拘束**）：公差域またはパターン公差域とデータム、またはデータム
系との間における位置拘束、および、または姿勢拘束のこと。

separate zones（**単独公差域**）：複数の形体に一括指示した幾何公差を、それらの個々の形体
に独立に適用することを要求する付加的な指示。記号 "SZ" を用いる。

derived feature〔modifier Ⓐ〕（**誘導形体記号Ⓐ**）：公差記入枠の公差値の後に追記して、適
用形体が誘導形体であることを表す記号。主に、3D モデルでの円筒部品に指示し、対象が
median feature（**中央形体**）である中心線（軸線）を表す場合に用いる。

pattern specification（**パターン仕様**）：一連の幾何特性仕様とパターン公差域との組合せに
よって規制する要求事項。

single indicator pattern specification（**単独指示パターン仕様**）：1 つの公差指示仕様によっ
て規制されるパターン仕様。

multiple indicator pattern specification（**複合指示パターン仕様**）：1 つ以上の公差指示仕様
によって規制されるパターン仕様。

multi-level single indicator pattern specification（**複数レベルの単独指示パターン仕様**）：
1 つの公差指示仕様によって規制されるパターン仕様が、異なるレベルで複数ある指示。

combined zone rotational only（**回転のみの組合せ公差域**）：組合せ公差域が、位置拘束なし
で、姿勢拘束のみを作用させることを要求する指示。記号 "CZR" を用いて指示する。

【用語集】（4）

orientation constraint only（**姿勢拘束限定**）：データム指示区画のデータム記号の後に用いて、参照するデータムに対して、位置拘束は作用させず、姿勢拘束のみを作用させる場合に用いる記号。記号は "＞＜"。

orientation plane indicator（**姿勢平面指示記号**）：公差域の方向を明確に表すために、参照するデータムを指定し、それに平行度、直角度、あるいは傾斜度の幾何公差記号を組み合わせて、データムに対する姿勢平面を表す記号で、公差記入枠の指示の近くに置いて用いる付加記号の一種。

united feature（**結合形体**）：単独形体とみなされる、連続、あるいは非連続の複合した形体を示す。主に外殻形体だが、誘導形体の場合もある。記号は "UF"。

fixed tolerance zone（**固定公差域**）：輪郭度公差において、理論的に正確な形体（TEF）上に中心をもつ球（円）で構成される2つの包絡面（線）によって設定される公差域。通常、特別な指示がない限り、これが公差域の基本となる。

offset tolerance zone（**オフセット公差域**）：輪郭度公差において、理論的に正確な形体（TEF）上からオフセットした表面上に中心をもつ球（円）で構成される2つの包絡面（線）によって設定される公差域。一般には、これより大きな固定公差域とともに用いられる。

tolerance zone of variable width（**一様変化の公差域**）：輪郭度公差において、始点と終点を定め、それぞれ異なる公差値を指定し、その間の公差値を連続して変化させて設定される公差域。

unequally disposed tolerance zone（**不均等配分公差域**）：輪郭度公差において、指定した公差値を、理論的に正確な形体（TEF）の表面に対して、両側にそれぞれ異なる比率で配分させ設定される公差域。

ISO 1101:2017 Geometrical product specifications（GPS）– Geometrical tolerancing – Tolerances of form, orientation, location and run-out

ISO 1660:2017 Geometrical product specifications（GPS）– Geometrical tolerancing – Profile tolerancing

ISO 2692:2014 Geometrical product specifications（GPS）– Geometrical tolerancing – Maximum material requirement（MMR）, least material requirement（LMR）and reciprocity requirement（RPR）

ISO 5458:2018 Geometrical product specifications（GPS）– Geometrical tolerancing – Pattern and combined geometrical specification

ISO 5459:2011 Geometrical product specifications（GPS）– Geometrical tolerancing – Datums and datum systems

ISO 8015:2011 Geometrical product specifications（GPS）– Fundamentals – Concepts, principles and rules

ISO 16792:2015 Technical product documentation – Digital product definition data practices

JIS B 0021：1998　製品の幾何特性仕様（GPS）-幾何公差表示方式-形状、姿勢、位置及び振れの公差表示方式

JIS B 0022-1984　幾何公差のためのデータム

JIS B 0023-1996　製図-幾何公差表示方式-最大実体公差方式及び最小実体公差方式

JIS B 0024：2019　製品の幾何特性仕様（GPS）-基本原則-GPS指示に関わる概念、原則及び規則

JIS B 0025：1998　製図-幾何公差表示方式-位置度公差方式

JIS B 0029：2000　製図-姿勢及び位置の公差表示方式-突出公差域

JIS B 0420-1：2016　製品の幾何特性仕様（GPS）-寸法の公差表示方式-第1部：長さに関わるサイズ

JIS B 0621-1984　幾何偏差の定義及び表示

JIS B 0672-1：2002　製品の幾何特性仕様（GPS）-形体-第1部：一般用語及び定義

ASME Y14.5-2018 Dimensioning and Tolerancing

索　引

著者紹介

小池 忠男（こいけ　ただお）

長野県生まれ。

1973年からリコーで20年以上にわたり複写機の開発・設計に従事。その後、3D CADによる設計生産プロセス改革の提案と推進、および社内技術標準の作成と制/改定などに携わる。また、社内技術研修の設計製図講師、TRIZ講師などを10年以上務め、2010年に退社。

ISO/JIS規格にもとづく機械設計製図、およびTRIZを活用したアイデア発想法に関する、教育とコンサルティングを行う「想図研」を設立し、代表。

現在、企業への幾何公差主体の機械図面づくりに関する技術指導、幾何公差に関する研修会、講演等の講師活動に注力。

著書に、

- ・「幾何公差 データムとデータム系 設定実務」
- ・「実用設計製図 幾何公差の使い方・表し方 第2版」
- ・「わかる！使える！製図入門」
- ・「"サイズ公差"と"幾何公差"を用いた機械図面の表し方」
- ・「これならわかる幾何公差」
- ・「はじめよう！TRIZで低コスト設計」（共著）
- ・「はじめよう！カンタンTRIZ」（共著）

（いずれも日刊工業新聞社刊）。

幾何公差〈見る見るワカル〉演習100　　　NDC531.9

2021年 2 月16日　初版 1 刷発行
2024年 5 月30日　初版 3 刷発行

（定価はカバーに表示してあります）

© 著　者　　小池　忠男
　　発行者　　井水　治博
　　発行所　　日刊工業新聞社
　　　　　　　〒103-8548　東京都中央区日本橋小網町14-1
　　電　話　　書籍編集部　03（5644）7490
　　　　　　　販売・管理部　03（5644）7403
　　ＦＡＸ　　03（5644）7400
　　振替口座　00190-2-186076
　　ＵＲＬ　　https://pub.nikkan.co.jp/
　　e-mail　　info_shuppan@nikkan.tech
　　印刷・製本　美研プリンティング㈱（POD1）

落丁・乱丁本はお取り替えいたします。　　2021 Printed in Japan
ISBN 978-4-526-08111-8